# C 语言程序设计一体化教程
## （第 2 版）

主　编　李小遐
**副主编**　刘慧梅　魏晓艳

北京理工大学出版社
BEIJING INSTITUTE OF TECHNOLOGY PRESS

## 内 容 简 介

本书是 C 语言的入门教材，也是一部集理论讲授与上机实训为一体的理实一体化教材。全书共有 11 章，把 C 语言的学习分为三大部分。第 1 部分（第 1、2 章）介绍了 C 语言程序的基本框架、C 语言程序的实现过程、数据类型及数据处理等程序设计的基础知识。第 2 部分（第 3、4、5、6、7 章）介绍了三种结构程序的设计、数组、函数等内容，培养程序设计的基本能力。第 3 部分（第 8、9、10、11 章）介绍了指针、结构体、文件，应用程序的开发过程等内容，培养设计应用程序的能力。

全书始终以程序实例驱动，将语法知识点同实际编程相结合，循序渐进，程序实例丰富有趣，便于教师讲授和学生学习。每章配有丰富的上机实训题目和课后习题，并且为其中的疑难题目设置了二维码，便于学生进行上机实践和课后复习巩固。

本书适合作为 C 语言程序设计的教材，也适合作为其他人员学习 C 语言编程的入门书籍。

**图书在版编目（CIP）数据**

C 语言程序设计一体化教程 / 李小遐主编 . — 2 版
. — 北京：北京理工大学出版社，2022.7
ISBN 978 – 7 – 5763 – 1553 – 0

Ⅰ. ①C… Ⅱ. ①李… Ⅲ. ①C 语言 – 程序设计 – 高等
职业教育 – 教材 Ⅳ. ①TP312.8

中国版本图书馆 CIP 数据核字（2022）第 133891 号

出版发行 / 北京理工大学出版社有限责任公司
社　　址 / 北京市海淀区中关村南大街 5 号
邮　　编 / 100081
电　　话 / （010）68914775（总编室）
　　　　　（010）82562903（教材售后服务热线）
　　　　　（010）68944723（其他图书服务热线）
网　　址 / http://www.bitpress.com.cn
经　　销 / 全国各地新华书店
印　　刷 / 唐山富达印务有限公司
开　　本 / 787 毫米 ×1092 毫米　1/16
印　　张 / 16.75　　　　　　　　　　　　　　　　责任编辑 / 钟　博
字　　数 / 374 千字　　　　　　　　　　　　　　　文案编辑 / 钟　博
版　　次 / 2022 年 7 月第 2 版　2022 年 7 月第 1 次印刷　责任校对 / 周瑞红
定　　价 / 75.00 元　　　　　　　　　　　　　　　责任印制 / 李志强

图书出现印装质量问题，请拨打售后服务热线，本社负责调换

# 前　言

本书是为高职高专层次院校编写的 C 语言学习教材，也是一本集理论讲授和上机实训为一体的理实一体化教材。针对高职高专学生的特点，编者特别强调在实践过程中学习 C 语言，领会程序编写的思路与方法，所以本书的编写思想是以程序案例驱动，将语法知识点同实际编程相结合，避免纠缠于语法细节，按照"提出问题→分析问题→用 C 语言程序解决问题→分析程序中的语法现象"的路径来讲解，这有利于培养学生分析问题与解决问题的能力，也使学生对语法的理解更为容易。

教学内容的安排是否合理，直接影响学生的学习效果。因此，本书特别注意前后内容的编排和衔接，以方便教师讲授和学生学习。本书各章按以下形式组织：

学习目标：为教师和学生规定明确的教学目标和学习目标；

学习内容：给出本章所有知识点；

授课内容：教师课堂讲授内容，为了弥补 C 语言语法的枯燥，本书配备大量的教学实例，而且特别注重这些实例的合理性和趣味性；

本章小结：总结本章的重要知识点，帮助学生整理复习；

实训：本章实训内容及指导，针对本章所介绍的语法知识，本书精心设计了上机实训内容指导，既方便教师布置上机实训作业，也便于学生上机前准备和上机后总结以及撰写实训报告。

习题：对本章内容的练习和巩固。

书中还设置了"提示"和"小测验"环节。容易出错的内容或特别需要说明的内容，以提示形式给出，比较醒目，容易记忆，小测验中提出的问题便于学生举一反三。

本书增加了二维码环节。针对实训和习题中的疑难内容设立了二维码，学生在独立思考后，可以通过手机扫码获取答案。

本书提供可直接使用的 PPT 电子教案，教师也可以根据需要修改后使用。

本书提供教学案例集，其中包括全书所有实例的源代码、各章实训源代码及习题源代码和答案。所有源代码均在 Windows 10 环境中，通过 Visual C++ 6.0（中文版）运行调试，而且所有程序实例的输出结果均为采用屏幕拷贝方式截取所得，充分体现了源代码的正确性。有需要的读者可以从北京理工大学出版社网站（www.bitpress.com）下载，或发邮件至邮箱 774016803@qq.com 索取。

本书由陕西国防工业职业技术学院李小遐担任主编，负责全书的策划和统稿，由刘慧梅、魏晓艳担任副主编。其中李小遐编写第 1、2、3、5、7、11 章，刘慧梅编写第 6、8章，魏晓艳编写第 4、9、10 章及附录。

本书在编写过程中参考了大量的文献资料，同时也得到北京理工大学出版社的大力协助，在此对参考文献的作者和北京理工大学出版社一并表示感谢。由于编者水平有限，书中不足之处恳请读者批评指正。

编　者

# 目　　　录

# 第 1 章

## C 语言程序的基本框架

【本章知识要点思维导图】

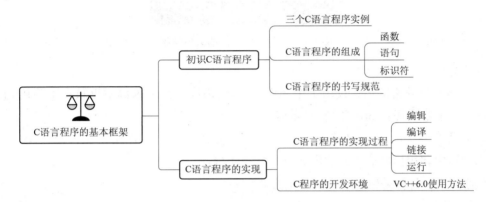

【学习目标】

通过本章的学习，你将能够：

◇阅读简单的 C 语言程序，了解 C 语言程序的基本结构；

◇了解 C 语言程序的书写规范；

◇掌握 C 语言程序的实现过程；

◇编写简单的 C 语言程序；

◇熟悉 C 语言程序的开发环境；

◇熟练运行和调试 C 语言程序。

【学习内容】

C 语言程序的组成、C 语言程序的实现过程及开发环境。

## 1.1 初识 C 语言程序

C 语言是一种面向解题过程的通用程序设计语言，其语言表达简洁、使用灵活，具有结构化的流程控制、丰富的数据结构和操作符、良好的程序可移植性和高效率的目标代码等特征，是最受编程初学者欢迎的计算机程序设计语言之一。

学习程序设计语言是使用计算机和研制计算机软件的必由之路，下面通过几个程序实例，进入 C 语言的精彩世界。

### 1.1.1 C 语言程序实例

【例 1-1】编写第一个 C 语言程序，在显示屏上显示信息 "This is my first C program!"。

【程序代码】

```c
#include "stdio.h"
main()
{
    printf("This is my first C program!\n");
}
```

程序执行后的输出结果如图1-1所示。

```
This is my first C program!
```

**图1-1　【例1-1】的输出结果**

程序分析：

（1）本程序非常简单，仅由1个main（）函数构成，在主函数中也只有1条语句，该语句通过标准输出函数printf（）在显示屏上输出指定信息。

（2）程序开头的"#include "stdio. h""是预处理命令，其作用是包含输入/输出库文件，当程序中调用标准输入或输出函数时添加此行。

【例1-2】计算并输出一个数的平方。

【程序代码】

```c
#include "stdio.h"
main()                    /*主函数,程序从这里开始运行*/
{                         /*函数体开始*/
    float a,b;            /*定义语句*/
    a=2.8;               /*赋值语句*/
    b=a*a;               /*赋值语句*/
    printf("%f\n",b);    /*标准输出函数*/
}                         /*函数体结束*/
```

程序执行后的结果如图1-2所示。

```
7.840000
```

**图1-2　【例1-2】的输出结果**

程序分析：

（1）程序中书写在"/＊＊/"中的是注释，在程序中添加注释的目的是帮助程序阅读者阅读理解程序。必要的注释可以增加程序的可读性，但是注释对程序的执行没有任何影响，编译时将被过滤掉，因此注释可以添加在程序的任何位置。

（2）本程序仍然由1个主函数构成，相对【例1-1】稍复杂的是，主函数中含有4个不同的语句，共同完成程序要求的计算功能。

【例 1-3】从键盘任意输入两个数，输出其中的大数。

【程序代码】

```c
#include "stdio.h"
int max( int x, int y)              /*定义 max()函数,求两个数中的大数*/
{
    int z ;
    if(x >y) z =x;else z =y;
    return(z);                      /*返回函数值*/
}
main()                              /*主函数,程序从这里开始执行*/
{
    int a,b,c;
    printf("请输入两个整数: ");
    scanf("%d, %d",&a,&b);          /*标准输入函数*/
    c =max(a,b);                    /*调用 max()函数*/
    printf("% d ,% d 中的大数为:% d\n\n\n",a,b,c);/*标准输出函数*/
}
```

程序执行时，如果从键盘提供两个整数 12 和 21，得到的输出结果图 1-3 所示。

```
请输入两个整数: 12,21
12 ,21中的大数为: 21
```

图 1-3　【例 1-3】的输出结果（1）

程序执行时，如果从键盘提供的两个整数是 31 和 13，那么得到的输出结果如图 1-4所示。

```
请输入两个整数: 31.13
31 ,13中的大数为: 31
```

图 1-4　【例 1-3】的输出结果（2）

程序分析：

（1）本程序由两个函数模块组成：主函数 main() 和子函数 max()。子函数 max() 称为自定义函数，其功能是找出两个数中的大数。

（2）标准库函数由 C 系统定义，用户在程序中直接调用即可，比如程序中的输入函数 scanf() 和输出函数 printf()。与标准库函数不同，自定义函数由用户定义，一旦定义好，就可以像标准库函数一样使用。有关自定义函数的内容，本书将在第 7 章介绍。

（3）程序从 main() 函数开始执行，执行到语句"c =max(a, b);"时转到 max() 函数，遇到 return 语句返回主函数继续执行，直到程序结束。

### 1.1.2 C语言程序的组成

以上实例及实例分析已经反映出了C语言程序的基本框架及其组成要素。

**1. C语言程序是由函数构成的**

C语言程序通常由包括main()函数在内的一个或多个函数组成，函数是构成C语言程序的基本单位。其中，主函数必须有且只能有一个，被调用的其他函数可以是系统提供的库函数，也可以是用户自定义的函数。C语言程序的全部工作都是由函数来完成的，因此C语言被称为函数式语言。

**2. 函数的构成**

C语言的函数由函数首部和函数体两大部分组成。以主函数为例：

```
main()    ← 函数首部，指定函数名、函数参数等信息
｛         ← 函数体从这里开始
……        ← 函数体内的语句
｝         ← 函数体到这里结束
```

**3. 语句**

语句是构成函数的基本单位，函数功能的实现由若干条语句序列完成。程序中的语句有说明语句和执行语句，说明语句完成数据的描述，执行语句完成指定的操作功能。每个语句必须以";"结束，这是C语言的一个特色。

> **提示**：一个C语言程序由若干条C语句组成，每个C语句完成一个特定的操作。

**4. 标识符**

标识符是程序中函数、变量、语句及数据类型等对象的名称。C语言的标识符可分为两类：

（1）关键字。关键字是C语言系统规定的、具有特定含义和专门用途的一些字符序列，如前面程序中出现的main、int、printf、scanf、include、return等。

在程序中使用关键字时，不能用错，也不能将之挪作他用。

（2）用户标识符。用户标识符是设计程序时用户自己定义的名字，这类标识符命名时要遵守以下规则：由字母（26个大、小写字母）、数字（0~9）和下划线（_）组成，不能以数字开头，区分大、小写。为了便于使用，命名应简洁、实用。

---

**小测验**

以下标识符中，哪些是合法标识符？哪些是不合法标识符？

| int | define | double | switch | while |
|-----|--------|--------|--------|-------|
| m + y | a# | b - 4 | π | 2x |
| _1 | Abc | _max | b_1 | a123 |
| name | a | a1 | sum | aver |

**提示:**

(1)标识符中不能含有除字母、数字和下划线外的其他字符。

(2)用户标识符不能与保留字重名。

(3)标识符命名以"顾名思义"为佳。

5. C 语言程序的书写规范

C 语言程序的书写没有格式要求,因此可以自由书写。但是为了程序的易读性,长期以来人们还是形成了一定的规范。

(1) C 语言没有行的概念,但是通常一行写一条语句,当然一行可以写多条语句,一条语句也可以写在多行上。

(2) 整个程序采用缩进格式书写,表示同一层次的语句行对齐,缩进同样多的字符位置,比如选择体和循环体中的语句要缩进对齐。

(3) 程序代码习惯用小写字母,只是在特定的时候才使用大写字母。

(4) 在程序中恰当地使用空行,分隔程序中的语句块,以增加程序的可读性。

(5) 在程序中加注释有助于阅读、理解程序。

良好的程序设计风格有助于编写出既可靠又易维护的程序,可保证程序的结构清晰、合理。在学习程序设计初期,应注意培养良好的书写风格,养成一种良好的代码书写习惯,减少编程中低级错误的出现,从而提高编程及调试程序的效率。

比如:以下两个程序都能编译成功,但你更愿意阅读哪个程序?

```
#include "stdio.h"
main()
{
    printf("有趣的程序");
}
```

```
#include "stdio.h"
main()
{
printf("有趣的程序");}
```

**提示:**C 语言程序中花括号"{}"使用得比较多,书写程序时要注意"{"和"}"应成对使用。

## 1.2　C 语言程序的实现

### 1.2.1　C 语言程序的实现过程

按照 C 语言语法规则编写的 C 语言程序称为源程序。设计好源程序后,要将它输入计算机并得到最终结果,必须经过编辑、编译、连接和运行这几个主要环节,其实现过程如图 1-5 所示。

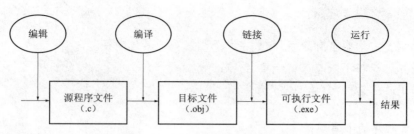

图1-5　C语言程序的实现过程

### 1. 编辑源程序

对设计好的源程序，要利用程序编辑器将其输入到计算机中，输入的程序一般以文本文件的形式存放在磁盘上，文件的扩展名为".c"。所用的编辑器可以是任何一种文本编辑软件，比如 Turbo C 和 VC++6.0 这样的专用编辑系统，Windows 系统提供的写字板或文字处理软件等也可以用来编辑源程序。

### 2. 编译源程序

源程序是无法直接被计算机执行的，因为计算机只能执行二进制的机器指令，这就需要把源程序先翻译成机器指令，然后计算机才能执行翻译好的程序，这个过程是由 C 语言的编译系统完成的。源程序编译之后生成的机器指令程序叫目标程序，其扩展名为".obj"。

### 3. 连接程序

在源程序中，输入、输出等标准函数不是用户自己编写的，而是直接调用系统函数库中的库函数。因此，必须把目标程序与库函数进行连接，才能生成扩展名为".exe"的可执行文件。

### 4. 运行程序

执行".exe"文件，得到最终结果。

在编译、连接和运行程序的过程中，有可能出现错误，此时可根据系统给出的错误提示对源程序进行修改，并重复以上环节，直到得出正确的结果为止。

## 1.2.2　C语言程序的开发环境

C 语言是一种编译型程序设计语言，因此，一个 C 语言程序需要经过编辑、编译、连接和运行四个步骤才能得到运行结果。由于 C 语言已经是一种比较成熟的程序设计语言，C 语言的标准已被大多数 C\C++ 的开发环境所兼容，所以 C 语言程序可以在多种编程环境中被开发和运行。目前使用的大多数 C 语言编译系统都是集成开发环境（IDE），即把程序的编辑、编译、连接和调试运行等操作集成在一起，功能丰富、操作方便，比较适合初学者使用。Microsoft Visual C++6.0（简称 VC++6.0）就是一款开发 C 语言程序的集成开发环境，运行于 Windows 操作系统，是目前比较常用的一款开发工具。下面以 VC++6.0（中文版）为编辑平台，介绍 C 语言程序的实现过程。

### 1. 启动 VC++

安装 VC++6.0，启动后进入 VC++6.0 系统，屏幕将显示图1-6所示的窗口。

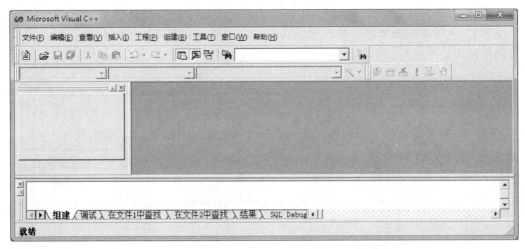

图 1 − 6　VC ++ 6.0 主窗口

**2. 新建 C 语言程序文件**

在图 1 − 6 所示窗口中选择"文件"菜单中的"新建"命令，会弹出"新建"窗口，如图 1 − 7 所示。单击"文件"标签，选择"C ++ Source File"选项，同时在右边文件输入框中输入文件名，比如"a01. c"，在位置框中选择或输入文件保存的位置，然后单击"确定"按钮。

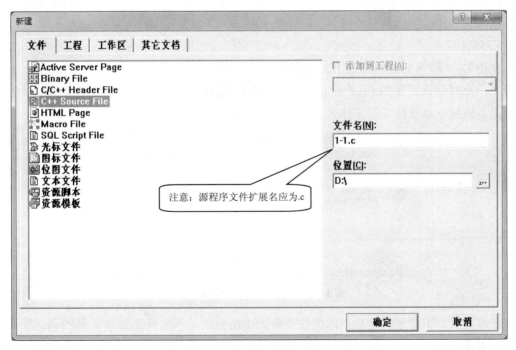

图 1 − 7　"新建"窗口

提示:VC ++ 集成环境约定,当源程序文件的扩展名为". c"时,则为 C 语言程序,而当源程序文件的扩展名为". cpp"时,则为 C ++ 程序。

### 3. 编辑源程序

在图1-8所示的编辑窗口输入程序代码。由于其完全是Windows界面，输入及修改可借助鼠标和菜单进行，十分方便。

图1-8　源程序编辑界面

### 4. 保存程序

在图1-8所示的编辑窗口中，选择"文件"菜单中的"保存"命令，将源程序保存到默认的文件中。

### 5. 编译程序

在图1-8所示的编辑窗口中，选择"组建"菜单中的"编译［a01.c］"命令，此时将弹出一个对话框，如图1-9所示，询问是否创建项目工作区，单击"是"按钮，表示同意由系统建立默认的项目工作区，然后开始编译。

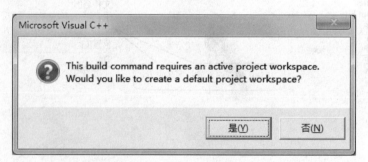

图1-9　创建项目工作区对话框

在编译时，编译系统将检查源程序中有无语法错误，然后在主窗口下部的调试信息窗口输出编译信息。如果发现错误，编译信息就会给出错误的位置和性质；如果代码编译没有错误，则在信息调试窗口显示图1-10所示的信息，表示编译成功，生成目标文件，比如"a01.obj"。

在编译成功后，程序还不能直接运行，还需要把目标程序（.obj）与系统提供的资源（如函数库、头文件等）连接成为可执行程序（.exe）。

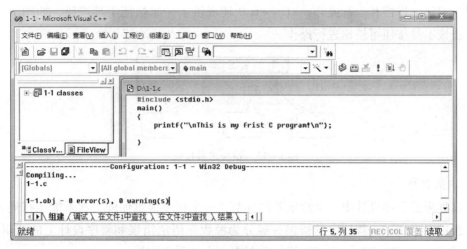

**图 1 – 10　编译成功窗口**

**6. 连接程序**

在图 1 – 8 所示的编辑窗口中，选择"组建"菜单中的"组建［a01. exe］"命令，连接成功后即可生成一个可执行程序，如"a01. exe"，其界面如图 1 – 11 所示。

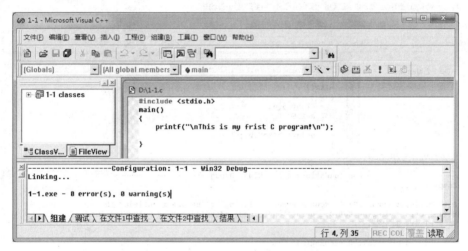

**图 1 – 11　连接成功窗口**

**7. 运行程序**

编译、连接成功后，就可以直接运行可执行程序。在图 1 – 8 所示的编辑窗口中，选择"组建"菜单中的"！执行［a01. exe］"命令，即可运行程序，此时窗口自动切换到结果窗口，显示程序的运行结果，如图 1 – 12 所示。

**图 1 – 12　程序运行结果窗口**

对于编译、连接和运行操作，VC++6.0还提供了一组快捷工具按钮，如图1-13所示，单击该工具按钮可快速进行操作。

图1-13　快捷工具按钮

8. 调试程序

调试程序是程序设计中一个很重要的环节，一个程序很难保证一次就能运行通过，一般都要经过多次调试。程序中的错误一般分为源程序语法错误和程序设计上的逻辑错误，编译时只能找出语法错误，而逻辑错误需要靠程序员手工查找。

如果程序中存在语法错误，那么编译时会在输出窗口中给出错误提示，如图1-14所示。

图1-14　编译时出错的窗口

错误提示主要包括错误个数、错误类型［一般错误（error）或警告错误（warning）］、错误出现的行号以及出错原因等。在输出窗口中双击错误提示信息或按F4键，会出现一条醒目的蓝色条带突出提示信息，同时通过一个箭头符号定位产生错误的语句，如图1-15所示。程序中的任何错误都必须修正，然后重新编译，直到能得出正确的结果为止。

**提示:**程序中的一处错误往往会引出若干条错误提示信息,因此修改一个错误后最好马上编译程序。通过反复的编译,可使程序中的错误越来越少,直到所有的语法错误都被修正。

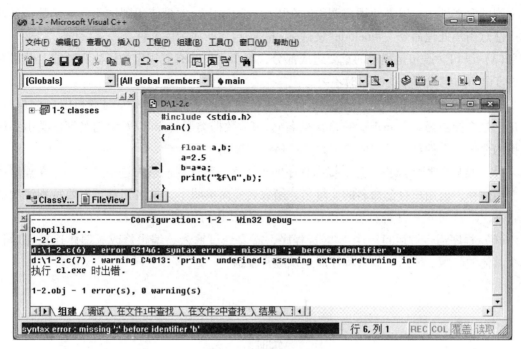

图 1 - 15  错误定位窗口

**9. 编辑下一个程序**

编辑下一个程序之前，要先结束前一个程序的操作。选择"文件"菜单中的"关闭工作区间"命令即可。

**10. 打开已有的程序**

双击要打开的 C 语言源程序，即可启动 VC ++ 6.0，同时在主窗口的编辑区显示该程序的代码，或者在 VC ++ 6.0 主界面中选择"文件"菜单中的"打开"命令，在弹出的"打开"对话框中选择需要的文件名，然后单击"打开"按钮即可打开已有的 C 语言源程序。

**11. 退出 VC ++ 系统**

选择"文件"菜单中的"退出"命令或单击屏幕右上角的关闭按钮，即可退出 VC ++ 系统。

> **提示：**本书的所有程序实例均在 Windows 10 环境中，通过 VC ++ 6.0(中文版)调试运行。

## 1.3  本章小结

通过本章的学习，读者应掌握以下内容：

（1）C 语言程序的构成。简单的 C 语言程序可以只有 1 个 main( )函数，而复杂的程序则可能包含 1 个 main( )函数和多个子函数。可见，C 语言程序中有且只能有 1 个 main( )函数，程序的执行也总是从 main( )函数开始的。

（2）标准库函数的使用。C 语言系统提供了非常丰富的标准库函数，并分门别类存放在不同的库文件中，以方便用户调用。在以后的程序中会大量使用到这些标准函数，使用时应注意用预处理命令"#include"文件名.h""包含所属的库文件。

（3）语句。语句是程序的重要组成部分，每个语句都有其规定的语法和功能，分号是 C 语言语句的组成部分，书写时不要忘记。

（4）标识符。标识符是 C 语言程序中各种对象的名称，分为关键字和用户标识符。关键字是指像主函数名 main、标准函数名 printf、数据类型名 int 以及语句名等这类由系统提供的命名，它们具有固定的含义，应严格遵守使用。

（5）良好的程序风格。为了提高程序的可读性，程序代码按缩进格式书写，在程序中可多加注释，但用户自己命名的变量名、函数名要简单明了，见名知意。需要特别说明的是，在 VC＋＋环境中注释符号可以使用"/＊＊/"，也可以使用双斜杠"//"。

（6）程序运行。运行一个 C 语言程序，需要经过输入、编辑修改、编译连接和运行几个具体的步骤。输入、修改程序时应该经常存盘。

## 1.4　实训

### 实训 1

【实训内容】C 语言程序上机操作。

【实训目的】掌握 C 语言程序的各个实现环节。

【实训题目】输入并运行下面的程序，回答题后问题，完成题后操作。

```c
#include <stdio.h>
main()
{
    int a,b,sum;
    a =11;
    b =22;
    sum =a +b;
    printf("a +b =%d\n",sum);
}
```

（1）该程序实现的功能是＿＿＿＿＿＿＿＿＿＿，程序输出结果是＿＿＿＿＿＿＿。

（2）编译、连接程序时使用的操作是＿＿＿＿＿＿＿＿＿＿＿＿＿＿＿＿＿。

（3）运行程序时使用的操作是 ＿＿＿＿＿＿＿＿＿＿＿＿＿＿＿＿＿＿。

（4）若要计算 123 和 456 之和，程序应如何修改？＿＿＿＿＿＿＿＿＿。

（5）将程序保存到默认路径下，程序名为"sx1 –1.c"，应该如何操作？＿＿＿。

（6）要编辑下一个程序，应该怎样操作？＿＿＿＿＿＿＿＿＿＿＿＿。

**实训 2**

【实训内容】调试 C 语言程序。

【实训目的】学习 C 语言程序中错误的修改方法。

【实训题目】调试下列程序，改正其中存在的错误，使之能顺利运行。

```c
#include<stdio.h>;
main()
{
    int a,b,sum;
    float aver;
    a=12,b=25;
    sum=a+b;
    aver=sum/2.0;
    printf("sum is %d\n",sum);
    print("aver is %f\n",aver)
}
```

**实训 3**

【实训内容】简单程序设计。

【实训目的】编写自己的第 1 个 C 语言程序。

【实训题目】参照【例 1-1】，编写一个程序，输出如下信息：

\*\*\*\*\*\*\*\*\*\*\*\*\*\*\*\*\*\*\*\*\*\*\*\*\*\*\*\*\*\*\*\*\*\*\*\*\*\*\*\*\*

我所遇见的每一个人，或多或少都是我的老师，

因为我从他们身上学到了东西。

　　　　　　　　　　——爱默生

\*\*\*\*\*\*\*\*\*\*\*\*\*\*\*\*\*\*\*\*\*\*\*\*\*\*\*\*\*\*\*\*\*\*\*\*\*\*\*\*\*

# 习 题 1

1-1　C 语言程序以 _____ 为基本单位，整个程序由 _____ 组成。

1-2　一个完整的 C 语言程序至少要有一个 _____ 函数。

1-3　标准库函数不是 C 语言本身的组成部分，它是由 _____ 提供的功能函数，调用时要用命令 _____ 包含所属的库文件。

1-4　标识符是指 _____，可分为 _____ 和 _____，其中由系统规定名称和功能的是 _____，由用户规定名称和功能的是 _____。

1-5　因为源程序是 _____ 类型的文件，所以它可以用任何具有文本编辑功能的软件完成编辑操作。

1-6 　C语言源程序文件的扩展名为_____。

1-7 　下面哪些是合法的C语言标识符？

　　　int　select　define　main　printf

　　　a1　a2　_data　aver　sum　age　var_num

　　　a-1　2a　file name　ab?　　a＊

1-8 　开发一个C语言程序的步骤是什么？说明每一步所完成的内容。

**习题1**

**参考答案**

# 第2章

## 基本数据类型及其运算

**【本章知识要点思维导图】**

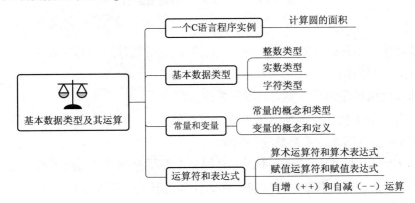

**【学习目标】**

通过本章的学习，你将能够：

◇了解 C 语言的基本数据类型，掌握数据的表示方法；

◇掌握 C 语言中常量和变量的概念和用法；

◇掌握算术运算符和算术表达式；

◇掌握赋值运算符和赋值表达式；

◇掌握自增、自减运算。

**【学习内容】**

整型、实型和字符型数据，常量和变量的概念和使用，算术运算符和算术表达式，赋值运算符和赋值表达式，自增和自减运算。

## 2.1 一个 C 语言程序实例

**【例 2-1】** 计算圆的面积，设半径为 10cm。

**【程序代码】**

```c
#include "stdio.h"
main()
{
    int r;
    float area ;
```

```
r =10;
area =3.14 * r * r;
printf("%f \n", area) ;
}
```

程序输出结果如图 2 – 1 所示。

```
314.000000
```

**图 2 – 1  【例 2 – 1】的输出结果**

程序分析：

（1）该程序中用到的数据有 r、area、10、3.14，对数据进行的运算有 "＊"（乘法运算）和 "＝"（赋值运算）。

（2）计算机执行程序时，要完成以下工作：

① 在内存中给半径 r 和运算结果 area 开辟存储空间，存放它们的值。r 和 area 称作变量，那么应该留多大的地方来存放它们的值？

② 数据 10 和 3.14 与 r、area 不同，它们是在编写程序时就给出了确定的值，在运算过程中不会改变，这样的数据称作常量。那么计算机怎么处理常量？

③ 对于整数 10 和小数 3.14，计算机存放它们时是否有区别？

以上 3 个问题都涉及 C 语言中数据的处理操作。

其实，计算机程序的主要任务就是对数据进行处理，而数据有多种类型，如数值数据、字符数据、图像数据以及声音数据等，其中最基本，也最常用的是数值数据和字符数据。

本章主要介绍 C 语言的几种基本数据类型的使用方法。

# 2.2  基本数据类型

计算机在进行数据处理时要先把数据存放在内存中，不同类型的数据在内存中存放的形式不同。例如数值数据的存储形式可以分为短整形、基本整型、长整型、单精度实型和双精度实型，字符数据的存储形式可以分为单个字符和字符串。

1. 整数类型

C 语言提供了多种整数类型数据，以适应不同场合的需求，其中经常用到的是短整型和基本整型这两种数据类型。两种整型数据的区别在于它们采用不同位数的二进制编码表示，所以要占用不同的存储空间，表示不同的数值范围。

短整型在计算机内存中占据 2 个字节的存储空间，表示的数值范围为 $-2^{15} \sim 2^{15} - 1$（$-32\ 768 \sim 32\ 767$），如图 2 – 2 所示。C 语言约定其数据类型标识符为 short。

基本整型在计算机内存中占据 4 个字节的存储空间，表示的数值范围为 $-2^{31} \sim 2^{31} - 1$（$-2\ 147\ 483\ 648 \sim 2\ 147\ 483\ 647$），如图 2 – 3 所示，其数据类型标识符为 int。

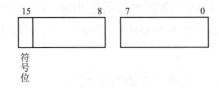

**图 2 - 2　短整型数据的存储格式**

**图 2 - 3　基本整型数据的存储格式**

> **提示：**不同的编译系统对数据类型的字节数的规定有所不同。比如，ANSI 标准定义 int 型数据占 2 个字节，Turbo C 执行的是 ANSI 标准，而在 VC ++6.0 中，int 型数据占 4 个字节。

### 2. 实数类型

实型数据也叫浮点数，指带有小数部分的非整数数值，比如 123.45 和 $1.2 \times 10^9$ 这类数据。它们在计算机内部也是以二进制的形式存储和表示的，虽然在程序中很少采用指数形式来表示实数，但在计算机中实数却都是以指数形式来存储的不论数值大小，把一个实型数据分为小数和指数两个部分，其中小数部分的位数越多，数的有效位就越多，数的精度就越高，指数部分的位数越多，数的表示范围就越大。

C 语言提供了两种表示实数的类型：单精度型和双精度型。单精度型的类型标识符为 float，占据 4 个字节，其有效位为 7 位，如图 2 - 4 所示。双精度型的类型标识符为 double，占据 8 个字节，有效位为 16 位左右，其精度远高于单精度型。

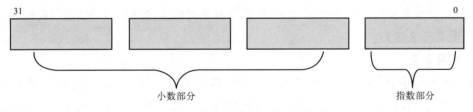

**图 2 - 4　单精度型数据的存储格式**

### 3. 字符类型

字符型数据包括两种：单个字符和字符串。例如'A'是字符，而" ABC"是字符串。

在计算机中字符是以 ASCII 码的形式存储的，一个字符只占 1 个字节的存储空间，如图 2 - 5 所示。

7　　　　　0

| 01000001 |
|---|

**图 2 - 5　字符'A'的存储格式**

例如，字符'A'的 ASCII 码用二进制数表示是01000001，对应的十进制数为65，而字符'B'的 ASCII 码用二进制数表示是01000010，对应的十进制数为66。字符类型的标识符为 char。

**提示：**字符与 ASCII 码的对应关系可查阅附录 A。

# 2.3  常量和变量

常量和变量是程序中的两种运算量。顾名思义，常量是一个有具体值并且该值在程序执行过程中不会改变的量，而变量则是在程序执行时值可以改变的量。

### 2.3.1  常量

常量即常数。C 语言提供的常量有整型常量、实型常量、字符常量和字符串常量。常量的用法比较简单，一般是以自身的书写形式直接表示数据的类型。

1. 整型常量

整型常量即整数。虽然 C 语言允许整数采用十进制、八进制和十六进制书写，但一般还是采用人们比较熟悉的十进制形式。注意，C 语言不支持二进制形式。

2. 实型常量

实型常量即实数。实数可以使用两种方式书写：一种是小数形式，例如 123.45、−2.0、0.5；另一种是指数形式（又叫科学记数法），其中用字母 E 或者 e 表示 10 的幂次，例如：1.2345E2 和 1.2E−9 分别表示 123.45 和 $1.2 \times 10^9$。

实型常量通常在程序中采用小数形式书写，只是在数值很大或者很小时才使用指数形式。

**提示：**实型数据用指数形式表示时，E 前必须要有数字，E 后是整数。1.2E 或 E−9 形式的实数是不合法的。

3. 字符常量

字符常量即单个字符，书写时要用单引号将这个字符括起来，例如：'A'、'2'、'#' 等，它们属于常规字符。另外，还有一些字符比较特殊，不可视或无法通过键盘输入，例如换行符、回车符等，C 语言的解决方法是用转义字符表示它们。

转义字符由一个反斜杠'\'后跟规定字符构成。常用转义字符的定义见表 2−1。

表 2−1  常用转义字符的定义

| 转义字符 | 含  义 |
| --- | --- |
| \n | 换行符 |
| \t | 横向跳格符 |
| \0 | 空字符 |
| \\ | 反斜杠 |

续表

| 转义字符 | 含　义 |
|:---:|:---:|
| \' | 单引号 |
| \'' | 双引号 |

> **提示：**转义字符从书写上看是一个字符序列，实际上是作为 1 个字符处理的，存储时只占 1 个字节。

字符在计算机内是以 ASCII 码的形式存储的，实际上 ASCII 码值是一个值为 0 ~ 127 的整数，因此字符常量也可以参加运算，例如：

'a' + 1　　　字符 'a' 的 ASCII 码值加 1

'a' – 32　　 字符 'a' 的 ASCII 码值减 32，可用于大小、写字母的转换

'a' < 'b'　　 实际是比较两个字符的 ASCII 码值

**4. 字符串常量**

字符串常量简称字符串，是用双引号括起来的一串字符，例如 "china"、"x" 等。这里的双引号只起定界的作用，它不属于字符串中的字符，因此双引号之间的字符个数才是字符串的长度。但是，字符串在内存中占用的存储字节数要比字符串长度多 1，因为 C 语言总是自动地在字符串尾部加上一个转义字符 '\0'（空字符，其 ASCII 码值为 0）作为字符串的结束标记，系统据此判断字符串是否结束。

以 "china" 为例，字符串的存储形式如图 2 – 6 所示。

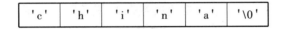

**图 2 – 6　字符串存储示意**

> **小测验**
>
> （1）数据 8、8.0、'8' 有什么区别？
>
> （2）数据 'a' 和 "a" 有什么区别？
>
> （3）字符串 "abc\nd" 和 "abc\0d" 的长度分别是多少？

**5. 符号常量**

符号常量就是用标识符（即符号）来表示常量。在 C 语言中有两种方法定义符号常量。

（1）使用编译预处理命令 define，例如：

#define N 50

#define PI 3.14159

（2）使用常量说明符 const，例如：

const float pi = 3.14159

定义了符号常量后，就可以在后面的程序中用符号代替常量出现，这将提高程序的可读性，减少程序的输入量，实现"一改全改"，这样可以给程序的修改带来极大的方便。

### 2.3.2 变量

**1. 变量的概念**

变量是程序设计语言的一个重要概念，它是指在程序执行期间值可以发生变化的量。

可以认为变量是一个存储数据的容器，即存储单元，它的功能就是用来存放程序中需要处理的数据，这些数据可以是原始数据、中间结果或最终结果。对变量的基本操作有两个：

（1）向变量中存入数据，这个操作称为给变量赋值。

（2）读取变量当前的值，以便在程序中使用，这个操作称为取值。

变量具有保持值的性质，但是当给变量赋新值时，新值会取代旧值，这就是变量的值发生变化的原因。

在程序中可以多次给一个变量赋值，但变量一次只能存储一个值，且是最新的值。将一个变量的值赋给另一变量时，该变量自身的值将保持不变，这些都是变量的特性。

每个变量要有一个变量名来标识，这个名字由程序设计者命名。命名时，注意遵守 C 语言标识符的命名规则。

> **提示：**
> （1）使用变量时注意区分两个概念：变量名和变量的值。
> （2）变量名区分大、小写，C 语言程序一般习惯用小写。
> （3）变量名命名应以见名知意为佳。

变量、变量的存储单元与变量的值之间的关系如图 2-7 所示。其中，a 是变量名，方框表示变量 a 所占据的存储单元，方框内的数据 15 是变量 a 的值。

图 2-7　变量概念示意

**2. 变量的定义**

变量在程序中负责保存数据，而数据有整数、实数和字符型等不同的类型，因此变量也要有相应的类型。C 语言的基本变量类型有整型变量、实型变量和字符变量。

如何确定一个变量的类型呢？这取决于该变量的定义，也叫变量的说明。在 C 语言程序中，所有变量在使用之前都必须先进行定义，也就是说，首先说明一个变量的存在，然后才能使用它。变量说明时需要提供两个方面的信息：变量名和变量的类型，其目的是告诉系统为指定的变量分配需要的存储空间，以便存放数据。

变量定义语句的一般形式为：

类型标识符 变量名表；

例如：

```
int a, b;       /*定义了2个基本整型变量*/
float f;        /*定义了1个单精度型变量*/
double x;       /*定义了1个双精度型变量*/
char ch;        /*定义了1个字符变量*/
```

**小测验**

对以上定义的 5 个变量，系统为它们分配的存储空间分别是多少个字节呢？

提示：变量必须先定义后使用，否则程序无法为其分配存储空间。

3. 变量的初始化

C 语言允许在定义变量的同时给变量赋一个初值，这称为变量的初始化，例如：

int sum = 0;

float e = 2.718;

char ch = 'a';

**小测验**

按要求写出所需的定义语句。

（1）定义 num1 和 num2 为整型变量，并分别为其赋初值 2、3。

（2）定义 aver 为双精度型，并为其赋初值 0。

提示：首次使用变量时，变量必须要有确定的值，否则会导致运算错误。

# 2.4 运算符和表达式

在 C 语言中，对常量或变量的处理是通过运算符来实现的，常量和变量通过运算符组成 C 语言的表达式，表达式是语句的一个重要组成要素。C 语言提供的运算符很多，所以由运算符构成的表达式种类也很多，但是，很少有人对它们全部了解并全都使用。本节仅介绍常用的算术运算和赋值运算，其他运算待用到时再具体介绍。

## 2.4.1 算术运算符和算术表达式

1. 算术运算符

C 语言的算术运算符有 6 种，其含义及用法见表 2-2。

表 2-2 算术运算符

| 运算符 | 含义 | 示例 | | 结果 |
| --- | --- | --- | --- | --- |
| + | 加法 | a + b | 7.5 + 3 | 10.5 |
| - | 减法 | a - b | 7.5 - 3 | 4.5 |
| * | 乘法 | a * b | 7.5 * 3 | 22.5 |
| / | 除法 | a/b | 7.5/3 | 2.5 |
| % | 求余 | a%b | 7/3 | 1 |

需要说明的是：

（1）除法运算（/）时，两个整数相除的结果（即商）仍为整数，如果不能整除，只取结果的整数部分，小数部分全部舍去，例如：

5/2 结果为 2        1/2 结果为 0

如果参与运算的两个数中有一个为实数，则运算结果为实数，例如：

5.0/2 结果为 2.5　　1/2.0 结果为 0.5

（2）求余运算（%）时，要求两个运算量均为整数，结果为整除后的余数，例如：

7%2 结果为 1　　　　4%2 结果为 0

求余运算在判断一个整数能否被另一个数整除时很方便。例如：当 x%y 结果为 0 时，说明 x 能被 y 整除，否则 x 不能被 y 整除。

---

**小测验**

判断整数 n 是偶数还是奇数，写出表达式。

---

（3）算术运算的优先级和结合性。

正如数学中的四则运算一样，当进行 +、−、*、/等混合运算时，各运算符之间有一定的先后顺序，即运算优先级。单目运算正、负号（+/−）高于双目运算，双目运算 *、/、% 同级又高于 +、−运算。例如：算术表达式 a + b/c 就要先除后加。

当运算符的优先级相同时，则要根据运算符的结合性确定运算顺序。结合性表明运算时的结合方向。C 语言中有两种结合方向：一种是从左向右，一种是从右向左。同级单目为从右向左；同级双目为从左向右。例如：算术表达式 a%b * c 就要自左到右进行运算。

2. 算术表达式

C 语言的算术表达式来源于数学中的代数式，不过为了方便键盘输入，算术表达式使用时要注意书写形式。例如：

| 数学式 | 算术表达式 |
| --- | --- |
| $\dfrac{a+b}{2}$ | (a + b)/2 |
| $a^2 + 2ab + b^2$ | a * a + 2 * a * b + b * b |
| $\lvert a \rvert$ | fabs(a) |
| $\sqrt{b^2 - 4ac}$ | sqrt(b * b − 4 * a * c) |

可见，算术表达式采用的是线性书写形式，运算量和运算符都要写在一条横线上。有些运算还必须调用库函数完成。上面的示例中包含求绝对值和平方根运算，对这类常用的数学运算，C 语言已经将它们定义成标准库函数，存放在数学库文件"math. h"中，用户直接调用即可。

---

**小测验**

查阅附录 B 中的数学库文件，将数学式 $x^y$ 写成 C 语言的算术表达式。

---

3. 运算中数据类型的转换

在表达式中，当运算符两边的运算对象类型相同时，可以直接进行运算，并且运算结果和运算对象具有同一数据类型，所以表达式 5/2 的结果是整数 2 而不是实数 2.5。

但是，当运算符两边的运算对象类型不相同时，C 语言会自动把它们转换成同一数据类型再进行计算。自动转换时，都是从占用内存空间少的数据类型向占用内存空间多的数据类型进行转换。例如：

10 + 'a'　先将'a'转换为 int 型的整数 97，然后与 10 相加，结果为 int 型的 107

各种类型自动转换级别如图 2 – 8 所示，其中箭头表示转换方向。

**图 2 – 8 自动转换级别示意**

以上转换方法是在不显式指明的情况下自动进行的，所以用户很难控制运算结果。

此外，C 语言还提供了另一种数据类型转换方法：强制类型转换。使用这种方法，用户可以根据需要控制数据类型，其语法是：

（数据类型标识符）（表达式）

例如：（int）（1.5 + 2.3）表达式的值为 3 而不是 3.8

再例如：有下面变量定义

int i;

double d;

那么，如果不使用强制类型转换，表达式 i + d 的运算结果是 double 类型；如果需要 i + d 的运算结果是 int 类型的，就需要使用强制类型转换，即 i + (int)d，首先把 d 转换成 int 类型，然后执行 i + d。

### 2.4.2 赋值运算符和赋值表达式

赋值运算完成给变量提供数据的功能，" = "是赋值运算符。

赋值表达式的一般形式为：

变量 = 表达式

赋值表达式的处理过程是：先计算 " = " 右侧表达式的值，然后将该值赋给左侧的变量。例如：

a = 2　　　将 2 赋给变量 a，变量 a 的值为 2

b = a + 5　　若变量 a 为 2，则变量 b 的值为 7

说明：

（1）赋值表达式尾部加上分号，构成赋值语句。赋值语句是 C 语言最基本、最常用的一种语句。例如：

a = 2　　　赋值表达式

a = 2;　　　赋值语句

（2）赋值语句具有计算和赋值双重功能，即先计算出表达式的值，再将该值交给指定的变量保存。在 C 语言程序中大量的计算处理都会用到赋值语句，例如：

d = sqrt（b * b – 4 * a * c）;

---

**小测验**

已知 float 类型的变量 a、b、c 中已经有值，写一条赋值语句来计算它们的平均值。

---

（3）赋值运算符不同于数学上的等号，等号没有方向，而赋值号具有方向性。例如：数学式 a = b 可以等价写成 b = a，但是赋值语句 "a = b;" 与 "b = a;" 完全不等价。

---

**小测验**

执行以下程序段后，变量a、b以及n的值各是多少？

[程序段1]    int a, b; a = 2; b = 5; a = b;

[程序段2]    int a, b; a = 2; b = 5; b = a;

[程序段3]    int n = 0; n = n + 1;

---

（4）类型转换也发生在赋值运算符的两边，不管赋值运算符右边表达式的结果类型是什么，一律转换为左边变量的类型，然后再赋值给变量。

（5）除"="之外，C语言还提供了一些复合的赋值运算符，常用的有 += 、 -= 、 *= 、 /= 、% = 等。下面举例说明它们的用法。例如：

a += 2;    等效于 a = a + 2;

a -= 2;    等效于 a = a - 2;

a *= 2;    等效于 a = a * 2;

a/= 2;    等效于 a = a/2;

a% = 2;    等效于 a = a% 2;

**提示:**赋值语句 a *= b + c; 等效于 a = a * (b + c); 而不是 a = a * b + c

### 2.4.3 自增自减运算

C语言有两个很有特色的运算符：自增运算符（++）和自减运算符（--）。它们是单目运算，运算对象必须是变量，例如：

++i、i++ 、--i、i--

使用时，运算符可以放在变量之前，也可以放在变量之后，但其对运算对象的值的影响不同。

++i、--i  运算符在前，变量在后的前缀形式

i++ 、i--  变量在前，运算符在后的后缀形式

很多时候++i与i++并没有区别，它们都相当于赋值运算中的 i = i + 1，而--i 和 i-- 则相当于 i = i - 1。但是，当自增、自减运算与其他运算混合时，前缀和后缀形式的影响不同，其使用规则为：

++i、--i  变量在使用之前先自增（加1）、自减（减1）

i++ 、i--  变量在使用之后再自增（加1）、自减（减1）

举例：阅读以下程序，分析其运行结果的异同。

【程序1】

```
main()
{
    int i=0,j;
    j= ++i;
    printf("i=%d,j=%d \n",i,j);
}
```

程序的输出结果如图 2 – 9 所示。

```
i=1,j=1
```

**图 2 – 9　【程序 1】的输出结果**

【程序 2】

```
main()
{
    int i=0,j;
    j=i++;
    printf("i=%d,j=%d\n",i,j);
}
```

程序的输出结果如图 2 – 10 所示。

```
i=1,j=0
```

**图 2 – 10　【程序 2】的输出结果**

从两个程序的运行结果来看，变量 i 的值都自增为 1，但是变量 j 的值却截然不同。

---

**小测验**

执行以下两个程序段后，变量 x 的值各是多少？

[程序段 1]

```
    int a =5,x =0;
    x = (a ++ ) +3；        /* 变量 x 的值_____ */
```

[程序段 2]

```
    int a =5,x =0；
    x = ( ++a) +3；        /* 变量 x 的值_____ */
```

---

**提示**：由于自增、自减运算操作速度快、书写简便，所以经常被用来计数。

## 2.5　本章小结

通过本章的学习，读者应掌握以下内容：

（1）C 语言的基本数据类型。数据类型名、所占字节数及数据范围见表 2 – 3，其中，字节数和数据范围是指在 VC ++6.0 环境中。

**表 2 – 3　常用数据类型及说明**

| 数据类型 | 类型名 | 字节数 | 数据范围 |
|---|---|---|---|
| 短整型 | short | 2 | – 32 768 ~ 32 767 |
| 基本整型 | int | 4 | – 2 147 483 648 ~ 2 147 483 647 |
| 长整型 | long | 4 | – 2 147 483 648 ~ 2 147 483 647 |
| 单精度实型 | float | 4 | $-3.4 \times 10^{-38} \sim 3.4 \times 10^{38}$，有效位 6 ~ 7 位 |

续表

| 数据类型 | 类型名 | 字节数 | 数据范围 |
|---|---|---|---|
| 双精度实型 | double | 8 | $-1.7\times10^{-308}\sim1.7\times10^{308}$，有效位 15～16 位 |
| 字符型 | char | 1 | 0～127 |

编写程序时应根据数据的实际情况选用相应的数据类型。一般的整数大多选用 int 型表示。还应注意，C 语言默认实数为 double 类型，即每个实数在计算机中都是以 double 类型存放和表示的，而且很多数学函数也都用 double 类型作为函数的参数和返回值。

（2）常量和变量。

常量的用法比较简单，自身的书写格式就说明了该常量的类型。

变量使用之前必须先定义，否则程序无法为其分配存储空间，也就是说，变量要"先定义后使用"。

变量的类型决定变量的取值范围、变量在内存中应占的存储空间的大小以及变量所能参与运算的种类。

（3）算术运算类似数学中的四则运算，但应注意算术表达式不同于数学式的书写规则和运算规则。

（4）赋值表达式构成赋值语句。赋值语句具有先计算后赋值的功能。

（5）不同类型的数据在参加运算之前会自动转换成相同的类型，然后再进行运算，转换的原则是由低级向高级转换。此外还可以使用强制类型转换。

（6）使用自增、自减运算符的目的是简便程序，因此不赞成写出诸如"c = ++a +++b;"这类容易令人混淆出错的语句，需要时可以采用等价的几条语句替代：++a;++b;c = a + b;。

总之，本章所介绍的都是 C 语言的基础内容，看似有些零散，但都是今后编程中经常用到的知识点，应该好好领会。

# 2.6　实训

## 实训1

【实训内容】基本数据类型。

【实训目的】熟悉数据类型及类型转换。

【实训题目】运行下面的程序，记录输出结果，并对结果进行分析。

```
#include "stdio.h"
main()
{
    int i,j;
    float x;
    x=5.8;
    i=x;
    j=(int)x;
```

```
    printf("x =%f,i =%d ,j =%d \n",x,i,j);
}
```

## 实训 2

【实训内容】表达式及其运算。

【实训目的】掌握自加、自减运算。

【实训题目】运行下面的程序，记录输出结果，并对结果进行分析。

```
#include "stdio.h"
main()
{
    int x =5,y;
    printf("x =%d \n",x);
    y = ++x;
    printf("x =%d,y =%d \n",x,y);
    y = x --;
    printf("x =%d,y =%d \n",x,y);
}
```

## 实训 3

【实训内容】算术运算。

【实训目的】掌握算术表达式及算术运算。

【实训题目】随机生成一个 3 位整数，计算个位数、十位数和百位数的平方和。请把程序补充完整并调试运行，记录输出结果。

**第 2 章实训 3 源代码**

【编程点拨】

（1）随机产生一个整数可用随机函数 rand( )。rand( )函数能够产生 0～32 727 范围内的整数，要生成［a，b］范围内的整数，可使用通用公式：a + rand( ) % ( b − a +1 )。

（2）随机函数 rand( )所在的库文件为" stdlib. h"。

部分程序代码已经给出，请补全程序，然后上机运行并记录程序输出结果。

```
#include "stdio.h"
#include "stdlib.h"
main()
{
    int n,n1,n2,n3,sum;
    n =100 + rand() % 900;        /* 生成随机数的范围应为100 ～999 */
    printf("生成的随机整数为:%d \n",n);
    n1 = _____ ;/* 取百位数 */
```

```
        n2 = _____;/*取十位数*/
        n3 = _____;/*取个位数*/
        sum = n1 * n1 + n2 * n2 + n3 * n3;
        printf("各位的平方和为:%d \n",sum);
}
```

**实训4**

第2章实训4

源代码

【实训内容】补充完善程序。

【实训目的】掌握 C 语言程序的编写思路。

【实训题目】下面的程序完成从键盘任意输入一个整数，先计算其绝对值，然后在该值的基础上计算平方根，并输出两次计算结果。请把程序补充完整并调试运行，记录输出结果。

```
#include "stdio.h"
#include "math.h"
main()
{
        _____;
        double fb;
        printf("enter a integer:");    /*输入数据的提示信息*/
        scanf("%d",&x);                /*从键盘任意输入一个整数给变量 x*/
        fa = _____;
        fb = _____;
        printf("%d,% f \n",fa,fb);
}
```

# 习题 2

2-1 根据下列数学式，写出相应的 C 语言表达式。

(1) $z = \sqrt{x^2 + y^2}$

(2) $\pi r^2$

2-2 根据 C 语言的运算规则，计算下列表达式的值。

(1) $(a+b)/2 + (int)x\%(int)y$，设 $a=2$，$b=3$，$x=3.5$，$y=2.5$。

(2) $1/2 * x + 20\%3 * (x=y)/16$，设 $x=3.0$，$y=4$。

(3) $++a - c + (++b)$，设 $a=3$，$b=-4$，$c=5$。

2-3 分析执行下列程序段后，变量 m 的值是多少。

```
float i=99.9;
int m=0;
m=i;
```

2-4　分析执行下列程序段后，变量 x、y 的值分别是多少。

```
int x =22,y =33;
x =x +y;
y =x -y;
x =x -y;
```

2-5　阅读分析下面的程序，写出程序的运行结果。

```
#define PI 3.14159
#include "stdio.h"
main( )
{
    int r;
    float length;
    r =10;
    length =2 * PI * r;
    printf("%f \n", length) ;
}
```

2-6　阅读分析下面的程序，写出程序的运行结果。

```
#include <stdio.h >
main( )
{
    int a =10,b =7,c,d;
    c =a /b;d =a %b;
    printf("%d,%d,%d,%d \n",a,b,c,d);
    c =a ++ ;d =b -- ;
    printf("%d,%d,%d,%d \n",a,b,c,d);
}
```

# 第3章

# 顺序结构及其应用

**【本章知识要点思维导图】**

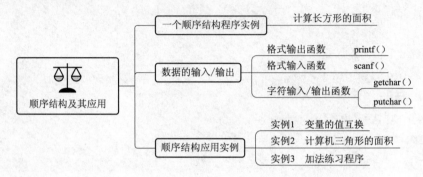

**【学习目标】**

通过本章的学习，你将能够：

◇了解三种基本程序设计结构；

◇掌握数据的输入和输出函数；

◇掌握字符的输入和输出函数；

◇掌握数据的输入和输出操作；

◇编写顺序结构程序，解决简单的问题。

**【学习内容】**

数据输出函数 printf( )、数据输入函数 scanf( )、字符输入函数 getchar( )、字符输出函数 putchar( )、顺序结构程序的设计方法。

## 3.1  一个顺序结构程序实例

**【例3-1】** 编写程序，计算长方形的面积。

**【编程思路】**

（1）定义程序所需要的变量：a、b、area、float 类型。

（2）输入长方形的长和宽给变量 a、b。

（3）计算长方形的面积：area = a * b。

（4）输出长方形的面积 area。

**【程序代码】**

```
#include "stdio.h"
main()
{
```

```
float a,b,area;                              /* 变量定义 */
printf("请输入长方形的长和宽:");              /* 输出提示信息 */
scanf("%f,%f",&a,&b);                        /* 输入数据 */
area = a * b;                                /* 计算面积 */
printf("长方形的面积为:%7.2f\n\n\n",area);    /* 输出结果 */
}
```

执行这个程序，可以看到当输入数据 2.5 和 5 时，程序的输出结果如图 3 - 1 所示。

请输入长方形的长和宽: 2.5,5
长方形的面积为:    12.50

**图 3 - 1   【例 3 - 1】的输出结果**

这个程序的结构非常简单。在 main( ) 函数中包含 5 条语句，第 1 条是变量定义语句，声明了 3 个变量；第 2 条是输出语句，提示用户要输入数据；第 3 条是输入语句，用于接收用户从键盘敲入的数据并将其存放到变量 a、b 中；第 4 条是赋值语句，用于计算并保存结果到变量 c 中；第 5 条是输出语句，把计算结果输出到显示屏上。

从程序结构来看，本例中所有的语句代码都是按照先后顺序执行下来的，所以是典型的顺序结构程序。顺序结构是三种基本结构中最简单的一种，其执行流程如图 3 - 2 所示。

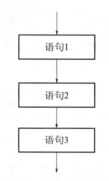

**图 3 - 2   顺序结构流程**

**提示:**C 语言程序的三种基本结构是顺序结构、分支结构和循环结构,它们是结构化程序所具有的通用结构。

从总体走势来看，计算机程序通常可分成三个部分，即输入数据、处理数据和输出数据。计算机通过输入操作接收数据，然后对数据进行处理，再将处理完的数据以有效的方式提供给用户，即输出数据。

本章主要介绍数据的输入/输出操作。

## 3.2   数据的输入/输出

C 语言中数据的输入和输出主要由标准库函数来完成，其中 printf( ) 和 scanf( ) 是编程时经常会用到的一对输入/输出函数，这两个函数在前面的举例中已经多次用到，下面详细介绍它们的使用方法。

### 3.2.1　格式输出函数

printf( )是格式输出函数，其作用是把计算机中的数据输出到显示屏上，并且可以指定输出数据的格式。

函数调用格式为：

printf（格式控制字符串，输出项表）；

例如：printf（"a = % d，b = % d \n"，a，b）；

函数功能：按指定的格式将一个或多个任意类型的数据输出到显示器上。

函数说明：

（1）格式控制字符串可以包含3类字符：

①格式字符：由%打头后跟格式符。其中格式符由C语言约定，作用是指定数据输出时的格式。表3－1列出了一些常用格式符及其功能说明。

表3－1　常用格式符

| 格式符 | printf( ) | scanf( ) |
| --- | --- | --- |
| d | 输出一个十进制整数（int 型） | 输入一个十进制整数（int 型） |
| f | 输出一个单精度实数（float 型） | 输入一个单精度实数（float 型） |
| c | 输出一个字符（char 型） | 输入一个字符（char 型） |
| e | 输出一个指数形式的单精度实数 | 输入一个指数形式的单精度实数 |
| ld | 输出一个十进制整数（long 型） | 输入一个十进制整数（long 型） |
| lf | 输出一个双精度实数（double 型） | 输入一个双精度实数（double 型） |
| le | 输出一个指数形式的双精度实数 | 输入一个指数形式的双精度实数 |
| s | 输出字符串 | 输入字符串 |

**提示：**格式符必须小写，大写无效。

②转义字符：'\n'是输出函数中最常用到的转义字符，起回车换行的作用。

③普通字符：格式控制字符串中除了格式字符和转义字符以外，其余都是普通字符，普通字符的处理是照原样输出。

（2）输出项表。

输出项表列出要输出的数据项，数据项可以是常量、变量或表达式，各输出项之间用逗号分隔。

【例3－2】通过以下4个程序段，观察 printf( )的输出效果。

①printf（"I am a student."）；

程序的输出结果如图3－3所示。

I am a student.

图3－3　【例3－2】的输出结果（1）

该语句中不含输出项以及控制输出项的格式字符，只有普通字符，所以原样显示输出。这种用法经常在语句中输出提示信息时采用。

**小测验**

下面程序的运行结果为＿＿＿＿＿＿＿＿＿＿。

```
#include < stdio. h >
main ( )
{
    printf ("Testing… \ n… 1 \ n… 2 \ n… 3 \ n");
}
```

②int a = 2,b = 5;

　printf("%d,%d\n",a,b);

　printf("a = %d,b = %d\n",a,b);

程序的输出结果如图 3 – 4 所示。

```
2,5
a=2,b=5
```

**图 3 – 4　【例 3 – 2】的输出结果（2）**

**提示:**格式字符与输出数据之间个数、类型及顺序必须一一对应。输出时,除了格式符位置上用对应输出数据代替外,其他字符被原样显示输出。

③char ch = 'A';

　printf("%c,%d \n", ch, ch);

程序的输出结果如图 3 – 5 所示。

```
A,65
```

**图 3 – 5　【例 3 – 2】的输出结果（3）**

字符输出时,%c 用于输出字符本身,%d 则输出字符的 ASCII 码值。

**小测验**

下面程序的运行结果为＿＿＿＿＿＿＿＿＿＿。

```
#include < stdio. h >
main( )
{
    char a1 = 'b ',a2 = 'B ';
    printf("%d\ n",a1 - a2);
}
```

④float fx = 123. 45;

　printf("%f,%e \n", fx, fx);

程序的输出结果如图 3 – 6 所示。

```
123.449997,1.234500e+002
```

**图 3 – 6　【例 3 – 2】的输出结果（4）**

可以看到，实数输出时系统默认的小数位均为 6 位。为了更加符合用户的需要，printf( ) 允许用户指定输出数据的宽度以及对齐方式。其方法是在 % 和格式符之间插入控制符，例如：%5d、7.2f、%-5d 等。输出数据时数据宽度及对齐方式的说明具体见表 3–2。

表 3–2　输出数据时数据宽度及对齐方式的说明

| 数据宽度及对齐方式 | 说　明 |
| --- | --- |
| 指定整数和字符数据的总宽度<br>如：%5d、%4c、%8ld | 右对齐，数据不足总宽度时，前面补空格；<br>数据超出总宽度时，按实际宽度输出 |
| 指定实数的总宽度<br>如：%10.2f、%12.3lf、%7.2e | 右对齐，总宽度包括整数位数、小数点、小数位数；<br>数据不足总宽度时，前面补空格；<br>数据超出总宽度时，按实际宽度输出 |
| 指定左对齐<br>如：%–5d、%–7.2f | 左对齐，数据不足总宽度时，后面补空格；<br>数据超出总宽度时，按实际宽度输出 |

【例 3–3】通过运行下面的程序，观察 printf( ) 的输出效果。

【程序代码】

```
#include "stdio.h"
main()
{
    int a =12;
    float fx =12.58;
    printf("a =%5d\ta =%-5d\n",a,a);
    printf("fx =%f \tfx =%7.2f \tfx =%-7.2f \n",fx,fx,fx);
    printf("fx =%e\tfx =%12.2e\tfx =%-12.2e\n\n\n",fx,fx,fx);
}
```

程序的输出结果如图 3–7 所示。

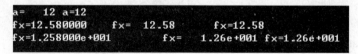

```
a=    12 a=12
fx=12.580000     fx=   12.58        fx=12.58
fx=1.258000e+001               fx=    1.26e+001 fx=1.26e+001
```

图 3–7　【例 3–3】的输出结果

### 3.2.2　格式输入函数

scanf( ) 是格式输入函数，其功能是按指定格式输入各种类型的数据，输入的数据将存放到指定的变量中。

函数调用格式为：

scanf(格式控制字符串，输入项表);

例如：scanf("%d,%d",&a,&b);

函数说明：

（1）输入项必须是变量的地址。在 C 语言中用 " & 变量名" 表示变量的地址，比如 &a 表示变量 a 的地址。

（2）格式控制字符串可以包含 2 类字符：格式字符和普通字符。格式字符的用法见表 3 – 1。

使用 scanf( )函数时，应特别注意数据的键盘输入操作，其输入规则是除了在格式符位置上输入具体的数据外，其他字符照原样输入一遍。

下面对具体的函数格式加以介绍。

举例 1：scanf("%d,%d",&a,&b)；

假如给 a 输入 12，给 b 输入 36，则正确的输入操作为：<u>12, 36 <回车></u>

举例 2：scanf("%d%d",&a,&b)；

假如给 a 输入 12，给 b 输入 36，则正确的输入操作为：<u>12　36 <回车></u>

或者：<u>12 <回车></u>

<u>36 <回车></u>

举例 3：scanf("a=%d,b=%d",&a,&b)；

假如给 a 输入 12，给 b 输入 36，则正确的输入操作为：<u>a=12, b=36 <回车></u>

可以看到，这里的 "a=" 和 "b=" 不仅没有起到提示作用，还给输入带来不便，因此要达到提示效果，有效的做法是用 printf( )输出提示信息，尽量减少 scanf( )函数中的普通字符。例如：

printf("please enter a,b:")；

scanf("%d,%d",&a,&b)；

上述方法在改善人机界面的同时还简化了键盘输入操作，推荐读者采用。

举例 4：scanf("%c%c",&c1,&c2)；

假如给 c1 输入'A'，给 c2 输入'B'，则正确的输入操作为：<u>AB <回车></u>

错误的输入操作为：<u>A　B <回车></u>，错误原因是变量 c1 取值字符'A'，但变量 c2 取值是空格符而不是字符'B'。

**提示：**

（1）使用 scanf( )函数时，输入项为变量的地址。

（2）输入数据时，一定注意键盘的输入操作要与设计的格式控制保持一致，否则变量得不到预期的赋值。

**小测验**

int a；float b；char c；

scanf("%d%f%c",&a,&b,&c)；

本程序段中，假如要给变量 a 输入 2，给变量 b 输入 12.5，给变量 c 输入字符'a'，应该如何进行输入操作？

### 3.2.3　字符输入/输出函数

在 C 语言程序中，经常需要对字符数据进行输入和输出操作。字符的输入/输出除了可以使用 scanf( )和 printf( )函数外，还可以使用专门用于字符输入/输出的函数 getchar( )和 putchar( )。

getchar( )是字符输入函数，其作用是接受从键盘输入的一个字符，它没有参数。

putchar( )是字符输出函数，其作用是在屏幕上输出一个字符，它的参数是待输出的字符。

【例3-4】getchar( )和putchar( )函数的使用。

【程序代码】

```c
#include "stdio.h"
main()
{
    char ch1,ch2,ch3;
    printf("(1)Input a character: ");
    ch1 = getchar();        /* 变量 ch1 接受第 1 次输入的字符 */
    getchar();              /* 第 7 行 */
    printf("(2)Input a character: ");
    ch2 = getchar();        /* 变量 ch2 接受第 2 次输入的字符 */
    getchar();              /* 第 10 行 */
    printf("(3)Input a character: ");
    ch3 = getchar();        /* 变量 ch3 接受第 3 次输入的字符 */
    putchar(ch1);           /* 输出 ch1 中的字符 */
    putchar(ch2);           /* 输出 ch2 中的字符 */
    putchar(ch3);           /* 输出 ch3 中的字符 */
    putchar('\n');          /* 换行 */
}
```

执行程序时，根据屏幕提示，依次输入字符 S、U、N，程序的输出结果如图3-8所示。

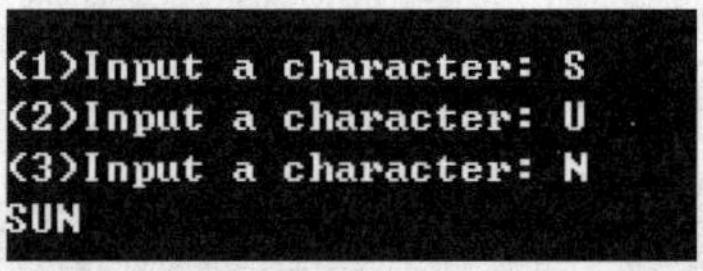

```
(1)Input a character: S
(2)Input a character: U
(3)Input a character: N
SUN
```

图3-8    【例3-4】的输出结果

程序的第7行和第10行各有一个函数语句"getchar( );"，其作用是接受上次输入时的回车符，以保证程序的正常执行。

## 3.3  顺序结构应用实例

【例3-5】设变量 a = 2，b = 5，编写程序实现两个变量值的互换。

【编程思路】变量是存放数据的容器，现在要交换两个容器中的内容，自然要借助第3个容器进行周转。

【程序代码】

```c
#include "stdio.h"
main()
```

```
{
    int a,b,t;
    a = 2;b = 5;
    printf("(1)a = %d,b = %d \n",a,b);          /* 输出原始数据 */
    t = a;a = b;b = t;
    printf("(2)a = %d,b = %d \n \n \n",a,b);     /* 输出交换后的数据 */
}
```

程序的输出结果如图 3 – 9 所示。

```
<1>a=2,b=5
<2>a=5,b=2
```

图 3 – 9　【例 3 – 5】的输出结果

> **小测验**
>
> 针对上面的实例，思考下列问题：
>
> (1) 把程序中的交换过程用语句 "a = b; b = a;" 代替，程序的运行结果会怎样？
>
> (2) 如果是交换任意两个变量的值，程序该如何修改？

【例 3 – 6】已知三角形的三个边长，计算三角形的面积。

【编程思路】

本题按照输入数据、计算处理、输出结果的顺序进行，其中三角形面积可以利用如下数学公式进行计算：

$$area = \sqrt{s(s-a)(s-b)(s-c)}, \quad s = \frac{1}{2}(a+b+c)$$

【程序代码】

```
#include "stdio.h"
#include "math.h"
main()
{
    int a,b,c;
    float s,area ;
    printf("请输入三角形的三边:");
    scanf("%d, %d, %d",&a,&b,&c);
    s = 1.0/2 * (a + b + c) ;
    area = sqrt(s * (s - a) * (s - b) * (s - c)) ;
    printf("三角形的面积 = %8.3f \n",area) ;
}
```

程序的输出结果如图 3 – 10 所示。

```
请输入三角形的三边：3,4,5
三角形的面积=     6.000
```

图 3 – 10　【例 3 – 6】的输出结果

---

**小测验**

程序运行时如果输入的三个数据为：1、2、3＜回车＞，运行结果会怎样？

---

【例3－7】加法练习程序。随机产生一道100以内的加法题，要求用户输入答案后，系统再给出正确答案。

【编程思路】

本题按照以下顺序完成：生成2个随机整数，出题，用户回答，输出用户答案，给出正确答案。

为了使程序每次运行生成的两个加数不同，需要使用函数 srand( ) 设置随机数种子，它所在的头文件为" time. h"。

【程序代码】

```c
#include "stdio.h"
#include "stdlib.h"
#include "time.h"
main()
{
    int num1,num2,answer;
    srand(time(NULL));                   /*随机数种子*/
    num1 = rand()%100;                   /*生成随机数*/
    num2 = rand()%100;                   /*生成随机数*/
    printf("%d + %d = ? ",num1,num2);    /*出题*/
    scanf("%d",&answer);                 /*用户回答*/
    printf("用户答案:%d + %d = %d \n",num1,num2,answer);
    printf("正确答案:%d + %d = %d \n",num1,num2,num1 + num2);
}
```

执行程序，输出结果如图3－11所示。

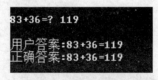

图3－11 【例3－7】的输出结果（1）

再次执行程序，输出结果如图3－12所示。

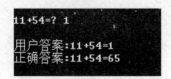

图3－12 【例3－7】的输出结果（2）

程序说明：

受所学内容的限制，本例采用顺序结构编写，因此不能判断用户答案的正确性。随着学习内容的增加，以后的章节将逐步完善解决这个问题。

# 3.4　本章小结

通过本章的学习，读者应掌握以下内容：

（1）C 语言程序通常可分为 3 大处理部分，即输入数据部分、处理数据部分和输出数据部分。

（2）顺序结构是指程序中的语句都是按先后顺序执行的，不存在分支、循环和跳转。因此，顺序结构程序是最简单、最基本的一种程序结构。

（3）数据的输入和输出函数。C 语言中数据的输入和输出函数有多种，其中 scanf( ) 和 printf( ) 是使用频率最高的一对函数。利用它们不仅可以完成各种数据的输入和输出操作，而且可以控制输入/输出的格式，以保证输入数据整齐、规范，输出结果清晰而美观。

（4）使用 printf( ) 函数时，格式字符与输出数据的个数、类型及顺序必须一一对应。输出时，除了格式符位置上用对应输出数据代替外，其他字符被原样显示输出。

（5）使用 scanf( ) 函数时，输入项为变量的地址，输入数据时，应特别注意键盘的输入操作要与设计的格式控制保持一致，否则变量得不到预期的赋值。

（6）字符输入/输出函数 getchar( ) 和 putchar( ) 只能用于单个字符的输入和输出，不能用于字符串的输入和输出。字符串的输入和输出操作将在第 6 章进行讲解。

# 3.5　实　训

## 实训 1

【实训内容】printf( ) 函数。

【实训目的】灵活使用 printf( ) 函数输出各种数据。

【实训题目】运行以下程序，分别输入指定的两组数据，记录程序输出结果。

```c
#include "stdio.h"
main()
{
    float fx = 0.0;
    printf("Input a float number:");
    scanf("%f",&fx);
    printf("fx = %f \tfx = %e \tfx = %d \n",fx,fx,fx);
    printf("fx = %12.2f \tfx = %10.2e \t \n",fx,fx);
}
```

（1）输入数据为 123456，运行结果为：

_____

_____

（2）输入数据为 456.789，运行结果为：

_____

_____

## 实训 2

【实训内容】scanf( )函数。

【实训目的】灵活使用 scanf( )函数进行数据输入。

【实训题目】

```c
#include "stdio.h"
main()
{
    int a,b,c;
    printf("Please enter a,b,c: ");
    vscanf("%d,%d,%d",&a,&b,&c);
    printf("a = %d,b = %d,c = %d \n",a,b,c);
}
```

（1）程序执行时，为了使 a、b、c 分别取值 1、2、3，键盘应如何操作？

_____

（2）将程序中的 scanf( )函数的格式改为：scanf("％d％d％d", &a, &b, &c);，键盘又应如何操作？

_____

## 实训 3

【实训内容】顺序结构程序设计。

【实训目的】编写顺序结构程序，解决简单问题。

【实训题目】乘法练习程序。修改【例 3 – 7】中的程序代码，使之完成 10 以内的乘法运算练习，并进一步体验随机函数的功能，理解顺序结构程序的执行流程。

## 实训 4

【实训内容】顺序结构程序设计。

【实训目的】编写顺序结构程序，解决简单问题。

【实训题目】编写程序，计算任意两点之间的距离。

【编程点拨】本题目可以按照以下步骤进行：

第 3 章实训 4
源代码

（1）进行变量定义：设置 5 个变量，变量名自拟，变量的类型应符合题目需要，例如：一个点的坐标可用 x1、y1 表示，另一个点的坐标可用 x2、y2 表示，距离用 d 表示，数据类型可定为实型。

（2）输入两个点的坐标值：用 scanf( )函数输入。

（3）利用数学公式计算距离：用赋值语句计算并保存结果。

（4）输出计算结果：用 printf( )函数输出。

第 3 章实训 5
源代码

## 实训 5

【实训内容】顺序结构程序设计。

【实训目的】编写顺序结构程序，解决简单问题。

【实训题目】编写程序，随机生成一个 3 位整数 n，将 n 中的三位数字逆序构成一个新数 m，然后输出 m。

【编程点拨】本题目可以按照以下步骤进行：

（1）进行变量定义：定义 5 个变量，变量名可为 n、m、n1、n2、n3，变量的类型为 int 型。

（2）生成一个 3 位整数 n：调用随机函数。

（3）3 位数拆分：从 n 中分别取出百、十、个位数，分别将其赋给变量 n1、n2、n3，具体拆分方法可借鉴第 2 章的实训 2。

（4）构成新数 m：m 可由表达式 n3 * 100 + n2 * 10 + n1 赋值。

（5）输出新数 m。

## 实训 6

【实训内容】菜单程序设计。

【实训目的】printf( ) 函数的使用。

【实训题目】菜单界面设计。在屏幕上实现显示一个简单的加、减、乘、除菜单界面，输出结果如图 3 - 13 所示。

**图 3 - 13　实训 6 程序的输出结果**

程序说明：

受所学内容的限制，本章只做到显示菜单界面。随着学习内容的增加，以后的章节将逐步完善本程序的功能。

# 习 题 3

3 - 1　以下程序输入 3 个整数值给变量 x、y、z，然后按图 3 - 14 所示的形式交换它们的值，请填空把程序补充完整。

**图 3 - 14　习题 3 - 1 图**

```c
#include "stdio.h"
main()
{
    _____;
    int temp;
    printf("Enter x,y,z:");
```

```
    scanf("%d,%d,%d", _____);
    _____;
    x = y;
    y = z;
    _____;
    printf("x = %d,y = %d,z = %d \n",x,y,z);
}
```

3-2 阅读以下程序，写出其输出结果。

```
#include "stdio.h"
main()
{
    char ch1,ch2;
    ch1 = 'a';
    ch2 = ch1-32;
    printf("%c %d \n",ch1,ch1);
    printf("%c %d \n",ch2,ch2);
}
```

3-3 阅读以下程序，写出其输出结果。

```
#include "stdio.h"
main()
{
    printf("ABCDEF \n");
    printf("%s \n","abcdef");
    printf("%s = %d \n","12 +34",12 +34);
}
```

3-4 编写一个程序，实现从键盘输入一个小写字母，将其转换成大写字母后输出的功能。

3-5 编写一个程序，完成以下要求：

（1）提示用户输入任意的 3 个实数；

（2）显示这 3 个实数；

（3）将这 3 个实数相加，并显示其结果；

（4）将结果按四舍五入的方法转换成整数并显示。

3-6 编写一个程序，实现如下功能：从键盘输入不在同一直线上的 3 个点的坐标值 $(x1,y1)$、$(x2,y2)$、$(x3,y3)$，分别计算由这 3 个点组成的三角形的三条边长 a、b、c，并计算该三角形的面积。

习题 3-6 参考答案

# 第4章

## 分支结构及其应用

**【本章知识要点思维导图】**

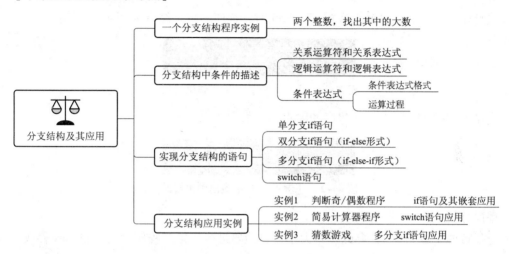

**【学习目标】**

通过本章的学习，你将能够：

◇了解关系运算符、逻辑运算符、条件运算符及表达式；

◇掌握单分支、双分支和多分支 if 语句的使用；

◇运用 if 语句进行分支结构程序设计；

◇运用 switch 语句进行分支结构程序设计；

◇运用嵌套的 if 语句进行分支结构程序设计。

**【学习内容】**

关系和逻辑运算符及表达式、if 语句、switch 语句、条件表达式、分支结构嵌套、分支结构程序设计方法。

## 4.1　一个分支结构程序实例

【例 4-1】任意提供两个整数，找出其中的大数。

【程序代码】

```
#include "stdio.h"
main()
{
    int a,b,max;
```

```
    printf("请输入两个数据:");
    scanf("%d,%d",&a,&b);              /* 输入数据 */
    if(a>b)                           /* 比较判断 */
        max=a;                        /* a 的值大时,把 a 赋给变量 max */
    else
        max=b;                        /* b 的值大时,把 b 赋给变量 max */
    printf("二者中的大数为：%d \n",max);/* 输出结果 */
}
```

执行程序时，从键盘输入数据 22 和 55 时，程序的输出结果如图 4 - 1 所示。

请输入两个数据:22,55
二者中的大数为：55

**图 4 - 1 【例 4 - 1】的输出结果（1）**

当输入数据 33 和 11 时，程序的输出结果如图 4 - 2 所示。

请输入两个数据:33,11
二者中的大数为：33

**图 4 - 2 【例 4 - 1】的输出结果（2）**

程序分析：

对任意两个数 a 和 b，要分辨其大小，自然要进行比较。程序中用变量 max 存放大数，如果 a 大于 b，就把 a 赋值给 max，反之把 b 赋值给 max，最后输出变量 max 即可。

显然，程序在比较 a 与 b 时产生了两个分支，要么选择语句"max = a;"执行，要么选择另一语句"max = b;"执行，选择依据是条件 a > b 是否成立，这就是分支结构，也叫选择结构，其执行流程如图 4 - 3 所示。

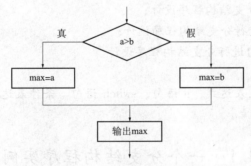

**图 4 - 3 分支结构流程示意**

分支结构是 C 语言的三种基本结构之一。分支结构有双分支结构和多分支结构。双分支结构是根据条件的成立与否决定程序的执行方向，条件成立时执行一些语句，条件不成立时执行另一方向上的语句。【例 4 - 1】就是双分支结构程序。多分支结构通常有两个以上的分支，要根据多个条件才能进行选择。

## 4.2　分支结构中条件的描述

分支结构把条件判断的结果作为选择的依据。通常情况下，分支结构中的条件是用关系表达式或逻辑表达式表示的。

### 4.2.1　关系运算符和关系表达式

1. 关系运算符

关系运算符是用来比较两个运算量的大小关系的。表 4 – 1 列出了关系运算符及其示例。

**表 4 – 1　关系运算符及其示例**

| 关系运算符 | 名　称 | 示　例 |
|:---:|:---:|:---:|
| > | 大于 | x > y |
| >= | 大于等于 | x >= y |
| < | 小于 | x < y |
| <= | 小于等于 | x <= y |
| == | 等于 | x == y |
| != | 不等于 | x != y |

**提示：** 在书写关系运算符 >= 、<= 、== 、!= 时，中间不能出现空格，否则会产生语法错误。

2. 关系表达式

关系表达式的形式为：

表达式1　关系运算符　表达式2

例如：a>b、a+b>c、x!=y 等都是合法的关系表达式。

关系表达式的值有两种情况：

（1）当关系成立时，表达式的值为逻辑真，程序中用 1（非0）表示。

（2）当关系不成立时，表达式的值为逻辑假，用 0 来表示。

这里的 0 和 1 在程序中被看作整型量。

例如，有关系表达式 b<c，当 b 的值是 5，c 的值是 8 时，b<c 关系成立，那么表达式的值为 1；而当 b 的值是 9，c 的值是 6 时，b<c 关系不成立，那么表达式的值为 0。

**小测验**

假设变量 a＝3，b＝2，c＝1，执行赋值语句"f＝a>b>c;"后，变量 f 的值是多少？

**提示：** 关系表达式用于描述简单条件，对于复合条件需要用逻辑表达式来表示。

### 4.2.2　逻辑运算符和逻辑表达式

1. 逻辑运算符

C 语言的逻辑运算符有 3 个，见表 4 – 2。

表4-2　逻辑运算符

| 运算符 | 名　称 | 示　例 |
|---|---|---|
| ！（逻辑非） | 逻辑非 | ！(x<0) |
| &&（逻辑与） | 逻辑与 | x>=0&&x<=10 |
| ‖（逻辑或） | 逻辑或 | x<=0‖x>=10 |

其中，逻辑与（&&）和逻辑或（‖）是双目运算符，逻辑非（！）是单目运算符。

2. 逻辑表达式

逻辑表达式的形式为：

表达式1 && 表达式2

表达式1 ‖ 表达式2

！表达式

与关系表达式相同，逻辑表达式的值也有两种情况：1(非0）或0。

假设用 a 表示表达式1，用 b 表示表达式2，则逻辑表达式的运算规则见表4-3。

表4-3　逻辑表达式的运算规则

| a 的值 | b 的值 | a&&b | a‖b | ！a |
|---|---|---|---|---|
| 非0 | 非0 | 1 | 1 | 0 |
| 非0 | 0 | 0 | 1 | 0 |
| 0 | 非0 | 0 | 1 | 1 |
| 0 | 0 | 0 | 0 | 1 |

从表中可以看到：

（1）逻辑与（&&）：当两个表达式的值均为非0时，逻辑表达式的值为1，其余情况均为0。

（2）逻辑或（‖）：当两个表达式的值均为0时，逻辑表达式的值为0，其余情况均为1。

（3）逻辑非（！）：当表达式的值为0时，逻辑表达式的值为1；反之，当表达式的值为非0时，逻辑表达式的值为0。

---

**小测验**

用关系或逻辑表达式描述下列条件：

（1）判断整数 x 是否为偶数。

（2）判断字符变量 c 是否为英文字母。

（3）判断三个实数 a、b、c 能否构成一个三角形。

---

# 4.3　实现分支结构的语句

一个分支结构程序的关键在于条件的描述和实现分支结构的语句。通过前面的学习，读者已对条件描述有了一定的了解，下面的内容将详细介绍实现分支结构的语句。

在 C 语言中，分支结构主要由 if 语句和 switch 语句实现。

### 4.3.1  if 语句

C 语言的 if 语句有三种形式，分别适应不同的分支结构。

1. 简单 if 语句

1）一般形式

if(表达式){语句}

2）执行流程

计算表达式的值，若值为非 0（即"真"），则执行指定语句，否则直接执行 if 语句的下一条语句。其执行流程如图 4-4 所示。

例如：

（1）如果 a 大于 0，给 b 加 1，该操作用简单 if 语句表示为：

if(a>0){b++;}

（2）如果 a 等于 b，输出"a=b"，该操作用简单 if 语句表示为：

if(a==b){printf("a=b");}

在简单 if 语句中，当 if 子句在语法上是一个语句时，两边的花括号"{ }"可以省略不写，但是如果包含多个语句，必须要用"{ }"括起来组成复合语句。那么，上面两个语句也可以写成：

if(a>0) b++;

if(a==b)printf("a=b");

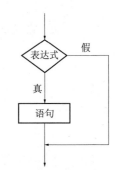

图 4-4  简单 if 语句的执行流程

---

**小测验**

下面的程序运行时，如果从键盘输入 58，则程序运行结果为 _____。

```c
#include"stdio.h"
main()
{
    int x;
    scanf("%d",&x);
    printf("%4d",x);
    if(x>0&&x<50)printf("%4d",x);
    if(x>40)printf("%4d",x);
    if(x>30)printf("%4d",x);
}
```

---

【例 4-2】输入 3 个整数，按数值由大到小的顺序输出这 3 个整数。

【编程思路】

本题的解决方法较多，本例采用以下思路解决问题：设存储 3 个整数的变量分别为 x、y、z。从键盘输入的 x、y、z 为任意的 3 个整数，为实现问题要求，在程序中对它们进行调整，使它们满足关系 x>=y>=z，然后依次输出它们的值。以上思路写成算法如下：

```
{
    输入 x、y、z；
```

```
    if(x<y)交换变量x、y;        /*使x>=y*/
    if(x<z)交换变量x、z;        /*使x>=z*/
    if(y<z)交换变量y、z;        /*使y>=z*/
    输出x、y、z;
}
```

【程序代码】

```c
#include "stdio.h"
main()
{
    int x,y,z,temp;
    printf("Enter x,y,z: ");
    scanf("%d,%d,%d",&x,&y,&z);
    if(x<y) {temp=x;x=y;y=temp;}    /*使x>=y*/
    if(x<z) {temp=x;x=z;z=temp;}    /*使x>=z*/
    if(y<z) {temp=y;y=z;z=temp;}    /*使y>=z*/
    printf("%d\t%d\t%d\n",x,y,z);
}
```

执行程序时，从键盘输入5、3、7，程序的输出结果如图4-5所示。

```
Enter x,y,z: 5,3,7
7         5         3
```

图4-5　【例4-2】的输出结果

注意，该程序if子句中的花括号"{ }"不能忽略。

【例4-3】计算函数值。输入整数x，根据下面的分段函数计算y的值。

$$y = \begin{cases} x+1 & (x>0) \\ x & (x=0) \\ x-1 & (x<0) \end{cases}$$

【编程思路】

x为任意的整数，有3种取值可能，只有通过判断才能确定其具体取值情况，以便给y赋值。本例使用3个简单if语句完成x的取值判断。

【程序代码】

```c
#include "stdio.h"
main()
{
    int x,y;
    printf("请输入x:");
    scanf("%d",&x);
    if(x>0)    y=x+1;
    if(x==0)    y=x;
```

```
    if(x<0)    y = x-1;
    printf("x = %d,y = %d\n",x,y);
}
```

执行程序时，输入 60 给 x，运行结果如图 4 - 6 所示。

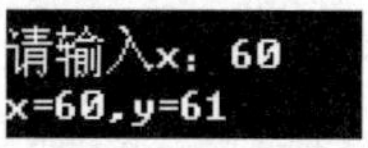

请输入x：60
x=60,y=61

图 4 - 6　【例 4 - 3】的输出结果（1）

执行程序时，输入 0 给 x，运行结果如图 4 - 7 所示。

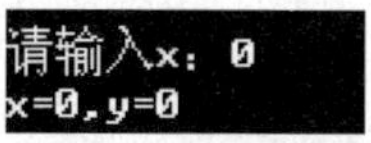

请输入x：0
x=0,y=0

图 4 - 7　【例 4 - 3】的输出结果（2）

**小测验**

程序运行时，如果输入的数据是 - 60，运行结果会怎样？

2. 双分支 if 语句（if - else 形式）

简单 if 语句只在条件为"真"时执行指定的操作。而双分支 if 语句，在条件为"真"或为"假"时都有要执行的操作。

1）一般形式

if（表达式）

　　{语句 1}

else

　　{语句 2}

2）执行流程

计算表达式的值，若表达式的值为非 0（即"真"），则选择执行语句 1，否则选择执行语句 2。其执行流程如图 4 - 8 所示。

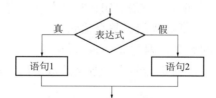

图 4 - 8　**if-else 语句的执行流程**

例如：以下两个操作均用 if - else 语句完成。

（1）如果 a 大于 0，给 b 加 1，否则给 b 减 1：

if( a > 0){b ++ ;}　else{b -- ;}

（2）判断整数 i 的奇偶性：

if( i % 2 ==0)

　　printf("i 是偶数 \n");

else

　　printf("i 是奇数 \n");

【例4-4】 提供任意一个学生的成绩，判断其是否及格。

【编程思路】

本题的判断条件只有两种结果：大于等于60分和小于60分，因此使用 if-else 语句实现。

【程序代码】

```c
#include "stdio.h"
main()
{
    int score;
    printf("请输入成绩:");
    scanf("%d",&score);
    if(score>=60)
        printf("及格\n");
    else
        printf("不及格\n");
}
```

执行程序，输入88给变量 score，程序的输出结果如图4-9所示。

图4-9 【例4-4】的输出结果

---

**小测验**

程序中的判断可以用简单 if 语句完成吗？

---

使用 if-else 语句，应注意以下事项：

（1）if-else 语句中的 else 子句可以省略，不带 else 子句时就是简单 if 语句。

（2）else 子句不能作为单独的语句使用，它是 if 语句的一部分，必须与 if 搭配使用。

（3）如果 if 子句或 else 子句只有一条语句，"{ }"可以省略，如【例4-4】，但是包含多个语句时，必须要用"{ }"括起来组成复合语句。

（4）C 语言程序没有行的概念，因此 if-else 语句可以写在一行，也可以分多行书写。

（5）使用 if 语句时，不要随意加分号，否则会造成语法错误。例如，下面的语句形式是错误的。

形式一：

if(score>=60);

printf("及格\n"); /*该语句成为一条独立语句，不再是 if 语句的子句*/

else

printf("不及格\n");

在 if 语句后加分号，表示 if 语句到此结束，这使 else 子句没有可搭配的 if 语句，导致语法错误。

形式二：

if(score>=60)

```
printf("及格 \n");        /*该语句还是 if 语句的子句*/
else;                    /* if 语句至此结束*/
printf("不及格 \n");      /*该语句成为一条独立语句,不再是 else 语句的子句*/
```

在 else 语句后加分号,使 if 语句至此结束,语句"printf("不及格");"不在 if 语句的组成部分之中。这样在编译程序时虽不会出现语句错误,但是得不到预期的输出结果。

(6) 书写代码时,为了提高程序的可读性,if 应与 else 对齐,而子句均向右缩进。

【例 4 – 5】火车站托运行李,从甲地到乙地,按规定每张客票托运行李不超过 50 千克,按每千克 1.35 元计算运费,如超过 50 千克,超过的部分按每千克 2.65 元计算运费。编写程序计算托运费。

【程序代码】

```
#include < stdio.h >
main()
{
    float f,w;
    printf("请输入行李的重量:");
    scanf("%f",&w);
    if(w <= 50)
        f = w * 1.35;
    else
        f = 50 * 1.35 + (w - 50) * 2.65;
    printf("您的行李托运费为:%.2f \n",f);
}
```

程序执行后,输入行李的重量为 20 时,输出结果如图 4 – 10 所示。

```
请输入行李的重量: 20
您的行李托运费为: 27.00
```

图 4 – 10　【例 4 – 5】的输出结果 (1)

程序执行后,输入行李的重量为 60 时,输出结果如图 4 – 11 所示。

```
请输入行李的重量: 60
您的行李托运费为: 94.00
```

图 4 – 11　【例 4 – 5】的输出结果 (2)

3. 条件表达式

双分支结构除了用 if-else 语句实现外,还可以使用条件表达式实现。

条件表达式的一般形式为:

表达式 1? 表达式 2: 表达式 3

其中,表达式 1、表达式 2、表达式 3 可以使任何符合 C 语言规定的表达式,例如:a > b? a: b。

条件表达式的运算过程为: 先计算表达式 1,如果表达式 1 的值为真,则计算表达式 2 的值,并将其作为条件表达式的值;如果表达式 1 的值为假,则计算表达式 3 的值,并将其作为条件表达式的值。其执行流程如图 4 – 12 所示。

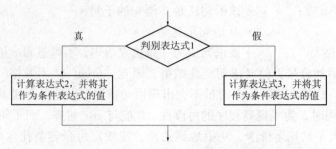

**图4-12　条件表达式的执行流程**

条件表达式通常应用于赋值语句之中。条件运算符的优先级高于赋值运算符，但低于关系运算符和算数运算符。

例如：语句"if( a > b) max = a; else max = b;"可用条件表达式描述为 "max = ( a > b)? a : b;"，如果 a > b, max 取 a 的值，否则 max 取 b 的值。

下面用条件表达式完成【例4-1】中的分支判断。

```
#include "stdio.h"
main()
{
    int a,b,max;
    printf("请输入两个数据:");
    scanf("%d,%d",&a,&b);
    max = ( a > b)?a:b;
    printf("二者中的大数为: %d\n",max);
}
```

4. 多分支 if 语句（if-else-if 形式）

在实际应用中，存在大量的多分支问题。多分支 if 语句就是用来实现多分支结构的语句。

1）一般形式

if（表达式1）

　　语句1

else if（表达式2）

　　语句2

……

else if（表达式n）

　　语句n

else

　　语句 n + 1

2）执行流程

依次计算并判断表达式 i（i 为 1 ~ n），当表达式 i 的值为非 0 时，选择执行其后的语句；当表达式 i 的值都为 0 时，执行语句 n + 1。其执行流程如图 4 - 13 所示。

在多分支 if 语句中，表达式 1 的优先级最高，表达式 2 次之，无论执行完哪个分支语句，接下来都要转到多分支 if 语句的后续语句继续执行。

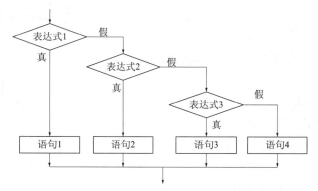

**图 4 - 13　多分支 if 语句的执行流程**

【例 4 - 6】 对学生的考试成绩进行等级评价，90 分以上分为优秀，80 ~ 90 分为良好，60 ~ 80 分为及格，60 分以下为不及格。输入任意一个学生的成绩，判断其属于哪个等级。

【程序代码】

```c
#include "stdio.h"
main()
{
    int score;
    printf("请输入成绩:");
    scanf("%d",&score);
    if(score >=90)
        printf("%d --------- 优秀 \n",score);
    else if(score >=80)
        printf("%d --------- 良好 \n",score);
    else if(score >=60)
        printf("%d --------- 及格 \n",score);
    else
        printf("%d --------- 不及格 \n",score);
}
```

执行程序，输入 95，程序的输出结果如图 4 - 14 所示。

**图 4 - 14　【例 4 - 6】的输出结果（1）**

执行程序，如果输入 55，程序的输出结果如图 4 - 15 所示。

**图 4 - 15　【例 4 - 6】的输出结果（2）**

> **小测验**
> 在 C 语言程序中解决问题的方法不是唯一的，试用简单 if 语句改写【例 4 - 5】。

### 4.3.2　switch 语句

switch 语句是又一个描述多分支结构的语句。

1. 一般形式

switch（测试表达式）

{　case 常量表达式 1：语句 1；

　　case　 常量表达式 2：语句 2；

　　……

　　case　 常量表达式 n：语句 n；

　　default：语句 n + 1；

}

2. 执行流程

（1）先计算测试表达式的值。

（2）用测试表达式的值顺次同 case 后常量表达式的值进行比较。

（3）若找到值相等的常量表达式，则执行该常量表达式冒号后的语句（这是入口）。注意，该语句执行后，程序会依次执行其后的所有冒号后面的语句。

（4）若找不到匹配的常量表达式的值，则执行 default 后面的语句。

switch 语句的执行流程如图 4 – 16 所示。

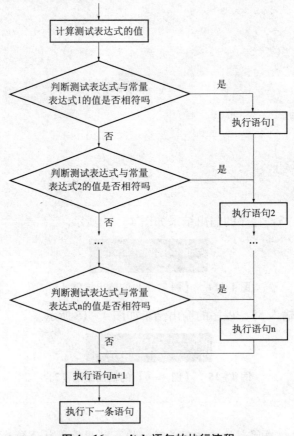

**图 4 – 16　switch 语句的执行流程**

3. switch 语句说明

（1）switch 后面测试表达式的值的类型只能是整型数据或字符型数据。

（2）常量表达式通常是整型常量或字符常量。

（3）case 与常量表达式之间必须用空格隔开。

（4）每个 case 后面的常量应不相同。

（5）switch 的语句体必须用"｛ ｝"括起来。

（6）当 case 后包含多个语句时，可以不用花括号括起来，系统会自动识别并顺序执行所有语句。

【例 4 - 7】用 switch 语句处理【例 4 - 5】中的问题。

【编程思路】

用 switch 语句处理多分支问题时，首先要确定 switch 后的测试表达式。由于测试表达式的值只能是整型数据，再考虑到成绩的分布特点，测试表达式确定为 score/10。

90≤score≤100 时，score/10 的取值分别为 10、9；

80≤score＜90 时，score/10 的取值分别为 9、8；

60≤score＜80 时，score/10 的取值分别为 7、6；

score＜60 时，score/10 的取值均小于 6。

根据表达式 score/10 的各种取值情况，确定 case 后常量表达式的值。

【程序代码】

```c
#include "stdio.h"
main()
{
  int score,mark;
  printf("\n请输入成绩: ");
  scanf("%d",&score);
  mark=score/10;
  switch(mark)
  {
    case 10:printf("%d ------ 优秀\n",score);/*此处的输出语句可以
省略*/
    case 9:printf("%d ------- 优秀\n",score);
    case 8:printf("%d ------- 良好\n",score);
    case 7:printf("%d ------- 及格\n",score);/*此处的输出语句可以
省略*/
    case 6:printf("%d ------- 及格\n",score);
    default:printf("%d ------ 不及格\n\n\n",score);
  }
}
```

执行程序，输入 95，程序的输出结果如图 4 - 17 所示。

显然，程序的输出结果并不是预期的结果，原因是当输入 85 时，变量 mark 的取值为 8，执行输出"良好"的输出语句并以此为入口，开始往下执行，直到 switch 语句的结束

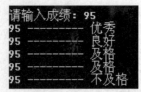

图 4 – 17  【例 4 – 7】的输出结果（1）

符"｝"为止，因此程序不能实现分支结构的功能。

为了得到预期的输出结果，解决方法是在 switch 语句中使用 break 语句。例如，在上面程序的 switch 语句体中加入 break 语句，用来阻止 switch 顺序执行。

```
switch(mark)
  {
     case 10:
     case 9:printf("%d --------- 优秀 \n",score);break;
     case 8:printf("%d --------- 良好 \n",score);break;
     case 7:
     case 6:printf("%d --------- 及格 \n",score);break;
     default:printf("%d --------- 不及格 \n\n\n",score);
  }
```

重新执行程序，输入 85，程序的输出结果如图 4 – 18 所示。

请输入成绩：95
95 --------- 优秀

图 4 – 18  【例 4 – 7】的输出结果（2）

本例中标号 10 与 9，7 与 6 执行的操作是相同，在 switch 语句中，当相连接的 case 语句标号不同而执行的操作相同时，前面的 case 标号后的语句可省略，直接执行下面的语句。

提示：虽然 switch 语句需要 break 语句配合才能实现程序的分支结构功能，但是程序中也经常需要借助 switch 语句自身的执行特点解决问题。

## 4.4  分支结构应用实例

【例 4 – 8】输入一个数，判断它是奇数还是偶数，如果是奇数则进一步判断它是否为 5 的倍数。

【程序代码】

```
#include "stdio.h"
main()
{
     int x;
     printf("Please input a number:");
     scanf("%d",&x);
     if(x%2 ==0)
        printf("%d is an even \n",x);
```

```
    else
    {
        printf("%d is an odd \n",x);
        if(x%5 ==0)/* 内嵌 if - else 语句 */
            printf("%d is the times of 5 \n",x);
        else
            printf("%d isnot the times of 5 \n",x);
    }
}
```

执行程序，从键盘输入 15，程序的输出结果如图 4 - 19 所示。

```
Please input a number:15
15 is an odd
15 is the times of 5
```

图 4 - 19 　【例 4 - 8】的输出结果

程序说明：

本例的 else 子句中包含了 1 条简单 if 语句，像这种 if 语句的子句中又含有 if 语句的情况，称为 if 语句的嵌套。

if 语句嵌套的一般形式为：

$$
\begin{cases}
\text{if(表达式)} & \\
\quad \begin{cases} \text{if(表达式)} & \text{语句1} \\ \text{else} & \text{语句2} \end{cases} & \\
\text{else} & \\
\quad \begin{cases} \text{if(表达式)} & \text{语句3} \\ \text{else} & \text{语句4} \end{cases} &
\end{cases}
$$

if 语句嵌套需要注意以下几点：

（1）内嵌的 if 语句可以是单分支，也可以是双分支。

（2）语句 1、语句 2、语句 3 及语句 4 可以是一个简单语句，也可以是一个复合语句。若是复合语句，一定要加花括号"{}"。

（3）if 语句嵌套时，else 与 if 的匹配原则是，else 总是与它前面最接近的 if 对应。

（4）if 嵌套一般控制在两层嵌套为宜，嵌套层次越多，程序的可读性就越差。

---

**小测验**

当 a = 1，b = 3，c = 5，d = 4 时，执行完下面的程序段后，变量 x 的值为 _____ 。

```
if (a < b)
    if (c < d) x = 1;
    else if (a < c)
            if (b < d) x = 2;
            else x = 3;
        else x = 6;
else x = 7;
```

**提示:** 在使用 if 语句时,为了明确关系,避免嵌套错误,书写时请将匹配的 if 和 else 对齐,将内嵌的 if 语句缩进。

【例4-9】编写简易计算器程序, 完成任意两个数的 +、-、*、/ 运算。

【编程思路】

本题的解决步骤为:

(1) 用户输入两个运算量 x 和 y, 再输入运算符 op。

(2) 根据输入的运算符决定执行运算的类型。本题的运算符有 +、-、*、/ 4 种,可用多分支结构解决。当 op 的值不是 +、-、* 或 / 时, 给出提示后退出程序。

【程序代码】

```c
#include "stdio.h"
main()
{
    float x,y,z;
    char op;
    printf("\n 请输入两个运算量: ");
    scanf("%f,%f",&x,&y);
    getchar();      /*用来接收前面操作的回车符,以便 op 能正确取值 */
    printf("\n 请选择运算符 +、-、*、/: ");
    op = getchar();
    switch(op)
    {
      case '+': z = x + y;break;
      case '-': z = x - y;break;
      case '*': z = x * y;break;
      case '/': z = x / y;break;
      default :printf("%c 不是运算符 . \n",op);exit(0);   /* 函数 ex-it(0)用于退出程序 */
    }
    printf("%0.2f %c %0.2f =%0.2f \n \n",x,op,y,z);
}
```

执行程序时根据屏幕提示, 从键盘输入 12 和 40, 运算符输入 " * " (乘号), 输出结果如图 4-20 所示。

图 4-20　【例4-9】的输出结果 (1)

执行程序时, 输入 100 和 20, 运算符输入 " + " (加号), 输出结果如图 4-21 所示。

```
请输入两个运算量: 100,20
请选择运算符+、-、*、/: +
100.00 + 20.00=120.00
```

**图4-21 【例4-9】的输出结果 (2)**

【例4-10】 猜数游戏。随机产生一个3位正整数，如果用户猜到3位数的各个数字，输出中一等奖；猜到百位和十位上的数字，输出中二等奖；只猜到百位数字，则输出中三等奖；如果3位上的每位数字均未猜到，输出没有中奖。

【编程思路】

本题的解决步骤为：

（1）程序随机产生1个3位随机整数 r，可用表达式 r = rand()%900 + 100 生成。

（2）用户输入猜想的3位整数 in。

（3）从3位数 r 和 in 中分别分离出各位上的数字。分离某3位数的百位、十位和个位数字可用 n/100、n/10%10、n%10 这3个表达式。

（4）根据猜对数字的情况，输出相应的中奖信息。如果 in 和 r 相等，输出中一等奖；如果没有中一等奖，判断是否中二等奖，比较 in 和 r 的百位和十位，若都相等则输出中二等奖；如果没有中二等奖，判断是否中三等奖，比较 in 和 r 的百位即可，若相等则输出中三等奖；如果没有中三等奖，输出没有中奖。

（5）本题属于多分支结构，用 if - else - if 语句完成。

【程序代码】

```c
#include "stdio.h"
#include "stdlib.h"
#include "time.h"
main()
{
    int in =0,r =0;
    srand(time(NULL));     /*随机数种子*/
    r =rand()%900 +100;    /*生成随机数r*/
    printf("Please input a number(100 -999): ");
    scanf("%d",&in);     /*猜数 in*/
    printf("Rand number is %d \n",r);    /*输出随机数*/
    if(r ==in)    /*比较两个数是否相等*/
        printf("Win the first grade prize. \n");
    else if((r/ 100 ==in/ 100)&&(r/ 10%10 ==in/ 10%10))/* 比较百位和十位*/
        printf("Win the second grade prize. \n");
    else if(r/ 100 ==in/ 100)/*比较百位*/
        printf("Win the third grade prize. \n");
```

```
    else
        printf("Win no prize. \n");
}
```

执行程序时，输入123，程序的输出结果如图4-22所示。

```
Please input a number(100-999): 123
Rand number is 141
Win the third grade prize.
```

图4-22　【例4-10】的输出结果（1）

再次执行程序时，输入456，程序的输出结果如图4-23所示。

```
Please input a number(100-999): 456
Rand number is 539
Win no prize.
```

图4-23　【例4-10】的输出结果（2）

## 4.5　本章小结

通过本章的学习，读者应掌握以下内容：

（1）分支结构。分支结构分双分支结构和多分支结构。一般情况下，双分支用简单 if 语句或 if-else 语句实现，两个以上的多分支情况用 if-else-if 语句或 switch 语句实现。但是有时候用多个简单 if 语句实现多分支结构，也是不错的选择。

（2）描述条件。分支结构中描述条件的表达式可以是 C 语言的任意一种表达式，但是通常会用关系表达式和逻辑表达式表示。关系表达式表示单一条件，逻辑表达式表示几个单一条件复合的复杂条件。

（3）if 语句。if 语句可以不带 else 子句，但 else 子句不能离开 if 子句独立使用。if 子句和 else 子句在语法上必须是 1 个语句，若需要执行多个语句，必须要用"{}"括起来组成复合语句。复合语句的形式为：{语句1；语句2；…}，其在语法上被看成一个语句。其在下一章循环结构中的复合语句中也会经常使用。

（4）switch 语句。在 switch 语句中 break 语句的作用很重要，不带 break 语句的 switch 语句无法实现分支结构，但是有时候程序会不带 break 语句，而利用 switch 语句自身的执行特点解决问题。

（5）语句嵌套。if 语句和 switch 语句都可以嵌套，但是嵌套会降低程序的可读性。

（6）程序的书写格式。注意 if 语句的缩进书写格式，养成良好的程序书写风格。

## 4.6　实训

### 实训1

【实训内容】简单 if 语句。

【实训目的】掌握简单 if 语句的使用。

【实训题目】分析下面两个程序，写出程序的功能，并上机验证。要求各用 3 组不同的数据进行验证。

【程序 1】

```
#include "stdio.h"
main()
{
    float x,y,z;
    printf("Please enter x,y,z:");
    scanf("%f,%f,%f",&x,&y,&z);
    if( x<y ) x=y;
    if( x<z ) x=z;
    printf("%5.2f\n",x);
}
```

程序的功能为：_____。

【程序 2】

```
#include "stdio.h"
main()
{
    float x,y,z,max;
    printf("Please enter x,y,z:");
    scanf("%f,%f,%f",&x,&y,&z);
    max=x;
    if(max<y) max=y;
    if(max<z) max=z;
    printf("%5.2f\n",max);
}
```

程序的功能为：_____。

## 实训 2

【实训内容】if-else 语句。

【实训目的】掌握 if-else 语句的使用。

【实训题目】下面程序的功能是实现简单的加法，但程序中设置有错误，请先阅读和分析程序代码，然后上机进行调试，改正其中的错误，使之能正常运行。

```
#include "stdio.h"
#include "stdlib.h"
#include "time.h"
main()
{
```

```
    int num1,num2,answer;
    srand(time(NULL));
    num1 = rand()%100;
    num2 = rand()%100;
    printf("%d + %d = ",num1,num2);
    scanf("%d",&answer);
    if(answer = num1 + num2)
        printf("真棒,回答正确. \n");
    else
        printf("很遗憾,回答错误. \n");
}
```

### 实训 3

【实训内容】if 嵌套。

【实训目的】掌握 if 嵌套的使用。

【实训题目】编写程序，根据输入的年、月信息，输出该月的天数。

【编程点拨】一年中的大月（1、3、5、7、8、10、12）每月有 31 天，小月（4、6、9、11）每月有 30 天，而 2 月在闰年为 29 天，在平年为 28 天，所以程序中需要使用 if 语句分别针对各种情况进行讨论。部分程序代码已经给出，请补全程序，然后上机运行调试。

```
#include < stdio.h >
void main()
{
    int y,m,d;
    printf("Please input the year and month: ");
    scanf("%d - %d",&y,&m);
    if( _____ ) d = 31;
    else if( _____ ) d = 30;
    else if(m == 2)
        if( _____ ) d = 29;
        else d = 28;
    else
{   printf("input error! \n \n");exit(0);}  /* 数据输入错误时退出程序
*/
    printf(" \nThere are %d days in %d - %d \n \n",d,y,m);
}
```

【举一反三】用 switch 语句修改上面的程序，并与 if 语句进行比较。

**实训 4**

【实训内容】switch 语句。

【实训目的】掌握 switch 语句的使用。

【实训题目】下面程序的功能是输入一个 1 和 7 之间的整数，输出相对应的星期，如果是其他整数则输出"错误！"。程序中有错误，请修改。

【程序代码】

```c
#include "stdio.h"
main()
{
    int a;
    printf("请输入一个数据: ");
    scanf("%d",&a);
    switch(a)
    {
    case1: printf("星期一 \n");
    case2: printf("星期二 \n");
    case3: printf("星期三 \n");
    case4: printf("星期四 \n");
    case5: printf("星期五 \n");
    case6: printf("星期六 \n");
    case7: printf("星期日 \n");
    default: printf("错误！ \n");
    }
}
```

**实训 5**

【实训内容】分支结构程序设计。

【实训目的】掌握用分支结构解决问题的方法。

【实训题目】编写简单的算术练习程序。

**第 4 章实训 5**
**源代码**

第 3 章的实训 6 实现了在屏幕上显示加、减、乘、除运算的菜单界面。在此基础上，本程序要根据所选的运算类型，为小学生出一道对应的题目（10 以内的整数运算练习），并能提示输入答案，能够判断答案，输出界面如图 4 – 24 所示。

程序说明：编写本程序时，可借鉴本章实训 2 中的加法练习程序，稍作修改即可完成减法、乘法和除法练习程序。受本章所学内容的限制，本程序运行一次只能进行一道题运算练习，随着学习内容的增加，后面章节将继续丰富程序的功能。

(a)               (b)

**图 4 – 24 输出界面**

(a) 答案正确；(b) 答案不正确

# 习题 4

**4 – 1** 写出下面程序的输出结果。

```c
#include "stdio.h"
main()
{
    int a1,a2,b1,b2;
    int i = 5,j = 7,k = 0;
    a1 = ! k;
    a2 = i != j;
    printf("a1 = %d \ta2 = %d \n",a1,a2);
    b1 = k&&j;
    b2 = k||j;
    printf("b1 = %d \tb2 = %d \n",b1,b2);
}
```

**4 – 2** 写出下面程序的输出结果。

```c
#include "stdio.h"
main()
{
    int n = 0,m = 1,x = 2;
    if(!n)
        x -=1;
    if(m)
        x -=2;
    if(x)
        x -=3;
    printf("%d \n",x);
}
```

**4 – 3** 分析下面两个程序，写出程序的输出结果，并进行比较。

【程序1】

```
#include "stdio.h"
main( )
{
    int a,b,t;
    a =3;b =2,t =1;
    if(a <b) {t =a;a =b;b =t;}
    printf("a =%d , b =%d \n",a,b);
}
```

【程序2】

```
#include "stdio.h"
main( )
{
    int a,b,t;
    a =3;b =2,t =1;
    if(a <b) t =a;a =b;b =t;
    printf("a =%d,b =%d \n",a,b);
}
```

4-4 写出下面程序的输出结果。

```
#include "stdio.h"
main( )
{
    int x =3,y =4,z =2;
    if(x ==y +z)
        printf("x =y +z \n");
    else
        printf("x! =y +z");
}
```

4-5 以下程序用于判断 a、b、c 能否构成三角形，若能，输出"YES"，否则输出"NO"。当给 a、b、c 输入三角形的三条边长时，确定 a、b、c 能构成三角形的条件是需同时满足三个条件：$a +b >c$，$a +c >b$，$b +c >a$，请将程序补充完整。

```
#include "stdio.h"
void main( )
{
    float a,b,c;
    printf("请输入三个数据:");
    scanf("%f%f%f",&a,&b,&c);
```

```
    if(_____ )
        printf("YES\n");        /*a、b、c 能构成三角形*/
    else
        printf("NO\n");         /*a、b、c 不能构成三角形*/
}
```

4-6　以下程序完成从键盘输入任意一个字符，判断该字符是英文字母、数字、空格还是其他字符，并输出相应信息，请将程序补充完整。

```
#include "stdio.h"
main()
{
    char ch;
    ch = getchar();
    if(_____ )
      printf("It is an English character! \n");
    else if(_____ )
      printf("It is an number! \n");
    else if(_____ )
      printf("It is a space character! \n");
    else
      printf("It is other character! \n");
}
```

4-7　若运行时输入：-2<回车>，则以下程序的输出结果是_____。

```
#include "stdio.h"
main()
{
    int a,b;
    printf("请输入a:");
    scanf("%d",&a);
    b = (a >= 0)? a:-a;
    printf("b = %d\n",b);
}
```

4-8　写出下面程序的输出结果。

```
#include "stdio.h"
main()
{
    int x = 1,a = 0,b = 0;
    switch(x)
```

```
    {
      case 0 : b ++ ;
      case 1 : a ++ ;
      case 2 : a ++ ;b ++ ;
    }
    printf("a = %d,b = %d \n",a,b);
}
```

4 – 9  写出下面程序的输出结果。

```
#include "stdio.h"
main()
{
    int a = 2,b = -1,c = 2;
    if(a < b)
        if(b < 0) c = 0;
        else c += 1;
    printf("%d \n",c);
}
```

4 – 10  写出下面程序的输出结果。

```
#include "stdio.h"
main()
{
    int a = 1,b = 0;
    switch(a)
    {
    case 1:
        switch(b)
        {
          case 0 : printf(" ** 0 ** \n");break;
          case 1 : printf(" ** 1 ** \n");break;
        }
        break;
    case 2 : printf(" ** 2 ** \n");break;
    }
}
```

**提示:**上面程序中是 switch 语句的嵌套形式,break 语句只跳出本层 switch 语句。

4 – 11  编程题。

(1) 编写程序,从键盘输入整数 n,当 n 为偶数时,输出 n 的平方值;否则输出 n 的立方值。

（2）编写程序，从键盘输入一个英文字母，如果是小写字母，则将它变为该字母的后一位字母输出；如果是大写字母，则先将它变为小写字母，然后再将它变为该小写字母的后一位字母输出。

（3）编写程序，输入一个人的出生年月日，再输入当前年月日，计算此人的实际年龄。

（4）某商场给顾客购物的折扣为：

购物金额 < 200 元，不打折；

200 元 ≤ 购物金额 < 500 元，9 折；

500 元 ≤ 购物金额 < 1000 元，8 折；

购物金额 ≥ 1000 元，7.5 折。

编写程序，输入一个购物金额，输出相应的折扣和实际付款金额。

习题 4 - 6　　　习题 4 - 11（3）
参考答案　　　　参考答案

# 第 5 章

# 循环结构及其应用

【本章知识要点思维导图】

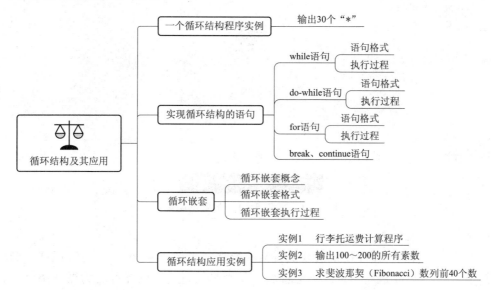

【学习目标】

通过本章的学习，你将能够：

◇理解循环的概念及循环流程；

◇掌握三种循环语句（while、do‑while 和 for）语句的格式及执行过程；

◇掌握三种循环语句的嵌套；

◇会用 break 和 continue 语句改变循环的正常执行；

◇运用循环结构进行程序设计。

【学习内容】

while 循环、do-while 循环、for 循环、break 语句、循环嵌套、循环结构程序的设计方法。

## 5.1 一个循环结构程序实例

要在计算机屏幕上输出 30 个 "＊"，可以使用输出函数 printf( ) 一次完成，但是程序语句中要重复录入 30 次 "＊"，这样很容易出错。其实同样的操作可以换一个思路完成，那就是让计算机重复 30 次输出 1 个 "＊" 的工作，而输出一个 "＊" 的工作很容易用函数 printf( ) 实现。

【例 5 – 1】输出 30 个 "＊"。

【编程思路】

（1）定义变量 i，并赋初始值 1，用 i 来进行计数。

（2）使用循环结构重复执行输出 1 个"＊"的过程。

（3）每次输出 1 个"＊"，让计数器加 1，当计数器超过 30 就停止重复工作。

【程序代码】

```c
#include "stdio.h"
main()
{
    int i =1;
    while(i <=30)        /*控制重复次数*/
    {
        printf("*");     /*输出1个*/
        i ++;            /*计数器加1*/
    }
}
```

执行程序后得到的输出结果如图 5－1 所示。

```
******************************
```

**图 5－1　【例 5－1】的输出结果**

程序分析：

从本例可以看到，循环就是重复执行某些操作，本例用 while 语句来实现这一循环过程，其中条件 i <=30 成立与否，决定着循环是否继续进行，因此称之为循环条件，程序中被重复执行的语句称为循环体语句，比如语句"{printf("*")；i ++;}"。图 5－2 所示是本例的循环结构执行流程。

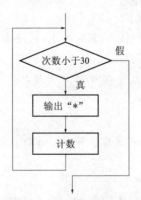

**图 5－2　循环结构执行流程**

循环结构是除了顺序结构和选择结构外 C 语言程序的第三种基本结构，主要用来解决复杂的、有重复操作的问题。用循环结构解决问题的关键就是找出循环继续与否的条件和需要重复执行的操作，即循环体语句。

程序设计中的任何循环都必须是有条件或有限次数的循环，一定要注意避免循环一直进行、无法正常结束的情况（即死循环）的发生。

**提示：**本例中如果去掉语句"i++；"，就会出现死循环。

# 5.2 实现循环结构的语句

C语言提供了3种实现循环结构的语句：while语句、do-while语句和for语句。虽然3个语句的语法规则不同，但它们在使用上很相似，一般情况下可以相互转换。当然它们有各自的特点，在实际应用中还是要根据具体情况选择恰当的循环语句。

### 5.2.1 while语句

while语句用于当型循环结构，其一般形式为：

```
while(表达式)
    {
        循环体语句
    }
```

while语句的执行流程是：

首先计算表达式的值，若结果为"真"（非零），则执行循环体语句；然后再计算表达式的值，重复上述过程，直到表达式的值为"假"（零）时结束循环，流程控制转到while语句的下一语句。

while语句中的表达式就是循环条件，其执行流程如图5-3所示。

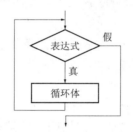

**图5-3 while语句的执行流程**

---

**小测验**

根据while语句的执行流程，下面程序的输出结果为 _____。

```c
#include "stdio.h"
main()
{
    int x = 0, n = 0;
    while(x < 30)
    {
        x = (x + 1) * (x + 1);
        n = n + 1;
    }
    printf("n = %d\n", n);
}
```

【例5－2】 显示1~10的平方。

【编程思路】

（1）定义变量i，并赋初始值1，用i来表示底数和行数，让i在循环体中递增。

（2）循环结束的条件为i<=10，即底数增加到10的时候进行最后一次循环。

（3）循环体中使用printf( )函数输出平方数。

【程序代码】

```c
#include "stdio.h"
main()
{
    int i=1;
    while(i<=10)        /* 循环条件 */
    {
      printf("%d*%d = %d\n",i,i,i*i);      /*循环体语句*/
      i++;                                 /*循环体语句*/
    }
}
```

程序的输出结果如图5－4所示。

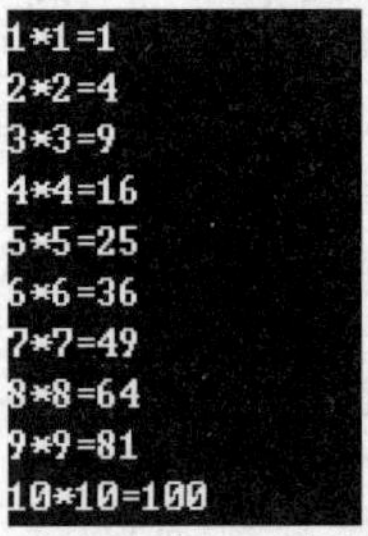

使用while循环结构时应注意以下几点：

（1）while循环的特点是先判断条件后执行循环体语句，因此循环体语句有可能一次都执行不到。

（2）while循环中的表达式一般是关系表达式或逻辑表达式，但也可以是数值表达式或字符表达式，只要其值非零，就可执行循环体。

（3）循环体语句可以是一个语句，也可以是多个语句。当只有一个语句时，外层的大括号可以省略，如果循环体是多个语句，一定要用花括号"{}"括起来，以复合语句的形式出现。

```
1*1=1
2*2=4
3*3=9
4*4=16
5*5=25
6*6=36
7*7=49
8*8=64
9*9=81
10*10=100
```

图5－4  【例5－2】的
输出结果

（4）循环体内一定要有改变循环条件的语句，使循环趋于结束，否则循环将无休止地进行下去，即形成"死循环"。

【例5－3】 求自然数1到100之和，即计算sum = 1 + 2 + 3 + … + 100。

【编程思路】

（1）首先定义两个变量，用i表示累加数，用sum存储累加和。

（2）给累加数i赋初值1，表示从1开始进行累加，给累加变量sum赋初值0。

（3）使用循环结构反复执行加法，在sum原有值的基础上增加新的i值，加完后再使i自动加1，使其成为下一个要累加的数。

（4）在每次执行完循环后判断i的值是否到达100，如果达到100就停止循环累加。

（5）最后输出计算结果，即输出sum的值。

【程序代码】

```c
#include"stdio.h"
main()
```

```
{
    int i,sum;
    i=1;sum=0;              /*为循环控制变量i、累加变量sum赋初值*/
    while(i<=100)           /*循环条件*/
    {
        sum=sum+i;          /*累加*/
        i++;                /*变为下一个加数*/
    }
    printf("sum=%d\n",sum);    D/*输出计算结果*/
}
```

程序的输出结果如图5-5所示。

sum=5050

**图5-5　【例5-3】的输出结果**

这是一个典型的累加问题。程序中用sum存储每次累加后的和值，用i表示要累加的数。第1次先计算0+1的值，并将其存入sum，第2次再计算sum+2的值，并将结果存回到sum中，第3次计算sum+3的值，再将结果存回到sum中，如此重复下去，直到计算完sum+100为止。每次累加完成后，加数i自动增加1，变为下一个加数，当i达到100时，累加结束。

---

**小测验**

针对【例5-3】，思考下列问题：

（1）是否可以不给sum和i赋初值？

（2）是否可以将"i++"改成"i=i+1"？

（3）是否可以将"i++"放置在"sum=sum+i"之前？

（4）在循环结束后，i的值是多少？

（5）求1到100之间的奇数和，即计算sum=1+3+5+…+99，程序该如何修改？

（6）求sum=1-2+3-4+5-…-100，程序该如何修改？

---

### 5.2.2　do-while 语句

do-while 语句属于直到型循环，其一般形式为：

```
do
{
    循环体语句
} while（表达式）;
```

例如，下面是一个可以输出30个"*"的do-while语句：

```
i=1;
do
{
```

```
   printf("*");
   i++;
 }while(i<=30);
```

do-while 语句的执行流程是：

首先执行一次循环体语句，然后计算表达式（循环条件）的值，若结果为"真"（非零），返回执行循环体语句，重复上述过程，直到表达式的值为"假"（零）时结束循环，流程控制转到 while 语句的下一语句。

do-while 语句的执行流程如图 5 – 6 所示。

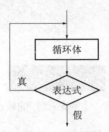

**图 5 – 6　do-while 语句的执行流程**

**小测验**

根据 do-while 语句的执行流程，下面程序的输出结果为＿＿＿＿＿＿＿＿＿＿。

```
#include "stdio.h"
main()
{
    int x = 25;
    do
    {
        printf("%d",x--);
    } while(!x);
}
```

【例 5 – 4】把【例 5 – 3】（求自然数 1 到 100 的和）用 do-while 语句改写。

【程序代码】

```
#include "stdio.h"
main()
{
    int i =1,sum =0;              /* 变量定义并赋初值 */
    do
    {
        sum = sum + i;           /* 进行累加求和 */
        i++;                     /* 循环变量递增 */
    } while(i <=100);            /* 循环条件 */
```

```
    printf("sum =%d\n",sum);/* 输出计算结果 */
}
```

程序的输出结果如图 5 - 7 所示。

sum=5050

图 5 - 7 【例 5 - 4】的输出结果

使用 do-while 循环结构时应注意以下几点：

（1）do-while 循环结构的特点是先执行循环体语句后判断条件，因此不管循环条件是否成立，循环体语句都至少被执行一次。这是它与 while 循环的本质区别。比较【例 5 - 3】和【例 5 - 4】就会发现，在【例 5 - 3】中是先判断条件后执行循环体，而在【例 5 - 4】中是先执行循环体后进行条件判断。

（2）不论循环体是一个语句还是多个语句，花括号"{}"都不要省略。

（3）避免出现"死循环"。

（4）注意 do-while 循环最后的分号"；"不能省略。

【例 5 - 5】求 n!，即求 n 的阶乘，n 由键盘输入。

【编程思路】

求阶乘实际上是求累乘，即求 1 * 2 * 3 * … * n。累乘与累加除运算类型不同外，其执行过程相同。

【程序代码】

```
#include"stdio.h"
main()
{
    int i =1,n;
    long s =1;
    printf("please input n:");
    scanf("%d",&n);
    do
    {
      s =s * i;                     /* 累乘 */
      i ++;
    } while(i <=n);                 /* 循环条件 */
    printf("%d!=%ld\n",n,s);        /* 输出计算结果 */
}
```

程序的输出结果如图 5 - 8 所示。

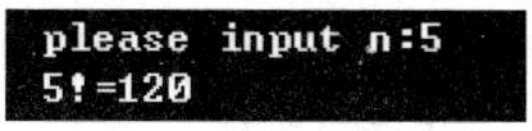

please input n:5
5!=120

图 5 - 8 【例 5 - 5】的输出结果

**小测验**

针对【例 5-5】，思考下列问题：

（1）为什么不给 s 赋初值 0，而赋初值 1？

（2）为什么要把变量 s 定义为 long 型数据？

（3）当输入的 n 值较大时，如 20，程序会怎样呢，如何解决？

### 5.2.3　for 语句

for 语句属于当型循环，其一般形式为：

for(表达式 1；表达式 2；表达式 3)
{

　　循环体语句

}

例如，下面是一个可以输出 30 个"＊"的 for 语句：

```
for( i =1;i<=30 ;i++ )
    {
        printf("*");
    }
```

for 语句的执行流程是：

（1）首先进行表达式 1 的计算。

（2）判断表达式 2 的值，若其值为"真"（非零），则执行循环体语句，然后转到第（3）步执行；若其值为"假"（零），循环结束。

（3）进行表达式 3 的计算，然后转至第（2）步重复执行。

其执行流程如图 5-9 所示。

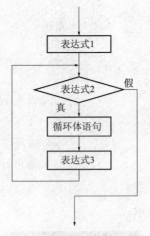

**图 5-9　for 语句的执行流程**

【例 5 - 6】 把【例 5 - 3】（求自然数 1 到 100 的和）用 for 语句改写。

【程序代码】

```
#include"stdio.h"
main()
{
    int i,sum = 0;
    for(i=1;i<=100;i++)
    {
      sum = sum + i;                  /*累加*/
    }
    printf("sum = %d\n",sum);    /*输出计算结果*/
}
```

程序的输出结果如图 5 - 10 所示。

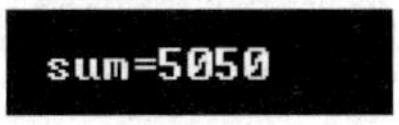

sum=5050

图 5 - 10 　【例 5 - 6】的输出结果

本例中 for 语句的 3 个表达式实现了程序设计中的 3 个功能，即循环变量赋初值、循环条件和循环变量递增，因此写法更简洁。

使用 for 语句时应注意以下几点：

（1） for 循环相当于下面的 while 循环：

表达式 1；

while（表达式 2）

{

     循环体语句

     表达式 3；

}

（2）for 语句有 3 个表达式，它们之间由分号"；"分隔，不能更换成其他分隔符号。

（3）有时根据需要可以将 for 语句格式中的部分或所有表达式省略，比如可以写成如下形式：

for(　；表达式 2；表达式 3)

｛循环体语句｝

【例 5 - 7】中的代码可以改写为：

```
int i =1,sum =0;
for(   ;i <=100;i ++)
{
    sum = sum + i;
}
```

for 语句还可以写成其他多种形式，不过最好还是使用规范的语句形式。由于经常用表达式 1 进行循环变量赋初值，用表达式 2 控制循环结束，用表达式 3 控制循环变量递增或递减，所以规范的 for 语句形式为：

for(循环控制变量赋初值；循环条件；循环控制变量增/减值)

｛循环体语句｝

【例 5 -8】把 100 和 200 之间的不能被 3 整除的数输出。

【编程思路】

（1）用变量 n 表示 101 和 200 之间的所有整数。

（2）利用 for 循环遍历每个 n，在循环体中判断 n 是否能被 3 整除，如果能整除，则输出 n 的值，如果不能整除，则什么都不做，这个判断用 if 语句实现。

【程序代码】

```
#include"stdio.h"
main()
{
    int n;
    for(n =100;n <=200;n ++)
    {
        if(n%3!=0)         /* 判断 n 是否能被 3 整除 */
        printf("%d ",n);/* 不能整除时输出 n 的值 */
    }
}
```

程序的输出结果如图 5 -11 所示。

```
100 101 103 104 106 107 109 110 112 113 115 116 118 119 121 122 124 125 127 128
130 131 133 134 136 137 139 140 142 143 145 146 148 149 151 152 154 155 157 158
160 161 163 164 166 167 169 170 172 173 175 176 178 179 181 182 184 185 187 188
190 191 193 194 196 197 199 200
```

**图 5 -11　【例 5 -8】的输出结果**

小测验

(1)【例5-7】中输出的数据比较多,如果要求每行只能输出10个数,程序应该如何修改?

(2)在所有的两位数中,个位数比十位数大的两位数有多少个?是哪些数?编写程序完成。

【例5-9】判断正整数 m 是不是素数,m 由键盘输入。

【编程思路】

首先明确什么是素数,素数是只能被1和它自身整除的数(1不是素数),即除了1和自身外不能被其他任何数整除的数。

判断方法:用2和 m-1 之间的数依次去除 m,如果都不能除尽,则 m 就是素数;反之,只要有一次除尽,则 m 不是素数,这时循环可以提前结束。

程序中定义变量 i 来表示除数,那么 i 的初值为2,终值为 m-1,循环结构使用 for 语句实现。在循环过程中,如果一直没有除尽,则 i 要一直递增到 m,循环正常结束;反之,如果除尽了,而 i 还没有递增到 m,循环就提前结束。提前结束循环可用 break 语句完成。

【程序代码】

```
#include"stdio.h"
main()
{
    int m,i;
    printf("Please input a number:");
    scanf("%d",&m);          /* 输入 m 的值 */
    for(i=2;i<=m-1;i++)
      if(m%i==0)break;    /* 如果某个数能整除 m,则提前结束循环 */
    if(i==m)               /* 判断 i 是否递增到 m,即循环是否正常结束 */
      printf("%d is a prime number \n",m);/* m 是素数 */
    else
      printf("%d is not a prime number \n",m);/* m 不是素数 */
}
```

执行程序时,输入整数23,则输出结果如图5-12所示。

```
Please input a number: 23
23 is a prime number
```

**图5-12** 【例5-9】的输出结果(1)

执行程序时,输入整数12,则输出结果如图5-13所示。

```
Please input a number: 12
12 is not a prime number
```

**图5-13** 【例5-9】的输出结果(2)

该程序说明:

实际上除数 i 只需从2判断到 $\sqrt{n}$ 即可,所以本例的 for 语句可以写成:

for( i = 2 ; i < = sqrt( n ) ; i + + )

这样可以减少循环次数，提高程序的运行效率。当然在程序的开头必须增加命令行#"include" math. h" "。

本例中用到了 break 语句。在 switch 语句中已经介绍过 break 语句，它的功能是终止选择执行，跳出 switch 语句，那么在循环结构中使用 break 语句，其作用是终止循环的执行，即跳出循环语句。

使用 break 语句要注意以下几点：

（1）break 语句只能跳出或终止包含它的循环语句，对其他语句没有影响。

（2）break 语句通常要和 if 语句配合使用。

（3）除了在 switch 结构和循环结构中使用外，在其他情况下一般不使用 break 语句。

---

**小测验**

在素数判断中能否不使用 break 语句？

---

【例 5 - 10】 程序预期输出半径为 1 ~ 10 的圆的面积，但是如果有圆的面积值超过 100 时，则停止执行。

【编程思路】

定义变量 i 表示圆的半径，使其从 1 递增到 10。循环中计算并判断每个圆的面积值是否大于 100，不大于 100 时，输出圆的面积，如果大于 100，则使用 break 跳出循环。

【程序代码】

```
#include"stdio.h"
#define PI 3.14159
main()
{
    int r;
    float area;
    for(r =1;r <=10;r ++)
    {
      area = PI * r * r;          /* 计算圆的面积 */
      if(area >100)               /* 判断圆的面积是否大于100 */
        break;                    /* 提前结束循环 */
      printf("r =%d,area =%.2f \n",r,area);
    }
}
```

程序的输出结果如图 5 - 14 所示。

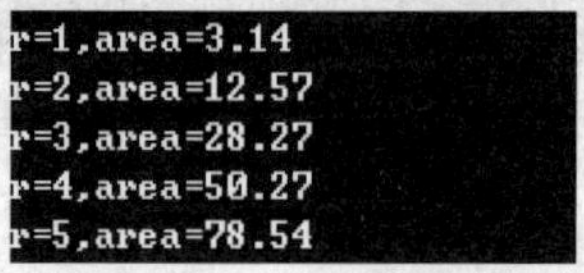

```
r=1,area=3.14
r=2,area=12.57
r=3,area=28.27
r=4,area=50.27
r=5,area=78.54
```

图 5 - 14  【例 5 - 10】 的输出结果

**提示**：break 语句用于终止循环的执行，以便提前结束循环。

## 5.3 循环嵌套

一个循环体内又包含了另一个完整的循环结构，这种循环称为循环的嵌套或多重循环。使用循环嵌套时，3 种循环语句可以自身嵌套，也可以互相嵌套。

分析下面的程序段，理解循环嵌套。

（1）
```
for(k=1; k<=5; k++) /* 单层循环，输出5个"*" */
    printf("*");    /* 循环体 */
```

程序的输出结果如图 5－15 所示。

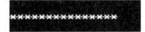

**图 5－15　输出结果（1）**

（2）
```
for(i=1; i<=3; i++)      /* 外循环 */
  for(k=1; k<=5; k++)  /* 内循环，也是外循环的循环体 */
    printf("*");
```

程序的输出结果为 15 个"*"，如图 5－16 所示。

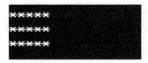

**图 5－16　输出结果（2）**

显然，上面的程序是 for 循环中又包含了一个 for 循环，属于两层循环结构。外循环用变量 i 控制，内循环用变量 k 控制，外循环 i 从 1 到 3，循环 3 次，外循环每执行 1 次，内循环 k 从 1 到 5，循环 5 次，所以输出结果为输出 3×5＝15 个"*"。

（3）
```
for(i=1; i<=3; i++)
  {for(k=1; k<=5; k++)
    printf("*");
   printf("\n"); /* 换行 */
  }
```

程序的输出结果如图 5－17 所示。

**图 5－17　输出结果（3）**

可以看出，上面的程序段仍然输出 15 个"*"，不过因为加入了换行操作，输出的是 3 行 5 列的"*"方阵。

**小测验**

如果要输出图5-18所示的图案，循环该如何设计？

图5-18 输出结果

**提示：**输出若干行若干列的图案时，可考虑使用两层循环，外循环控制行数，内循环控制各行的列数，内外循环之间要加入换行操作。

【例5-11】 输出九九乘法表，格式如图5-19所示。

```
1*1= 1
1*2= 2   2*2= 4
1*3= 3   2*3= 6   3*3= 9
1*4= 4   2*4= 8   3*4=12   4*4=16
1*5= 5   2*5=10   3*5=15   4*5=20   5*5=25
1*6= 6   2*6=12   3*6=18   4*6=24   5*6=30   6*6=36
1*7= 7   2*7=14   3*7=21   4*7=28   5*7=35   6*7=42   7*7=49
1*8= 8   2*8=16   3*8=24   4*8=32   5*8=40   6*8=48   7*8=56   8*8=64
1*9= 9   2*9=18   3*9=27   4*9=36   5*9=45   6*9=54   7*9=63   8*9=72   9*9=81
```

图5-19 【例5-11】的输出格式

【编程思路】

（1）图形中共有9行，定义变量 i 表示行数，使其从1递增到9。

（2）每一行中的被乘数从1变化到和本行行号相同的数字，用变量 j 表示被乘数，让其从1递增到当前行号 i。

（3）用外层循环实现行的转换，内层循环输出一行中的内容，而内层循环的循环体是输出每行中的某一项。

【程序代码】

```c
#include"stdio.h"
main()
{
    int i,j;
    for(i=1;i<=9;i++)              /*外循环控制要输出的行数*/
    {
      for(j=1;j<=i;j++)           /* 内循环控制要输出的项目数*/
      printf("%1d*%1d=%2d",i,j,i*j);/* 输出第i行第j项的内容*/
      printf("\n");               /* 每行结束换行*/
    }
}
```

【例 5 – 12】编写程序，输出图 5 – 20 所示的图形。

**图 5 – 20  【例 5 – 12】的输出图形**

【编程思路】

(1) 图形中共有 6 行，定义变量 i 表示行数，使其从 1 递增到 6。

(2) 每行中要有若干个空格、若干个 "∗" 及换行。

(3) 仔细数会发现，每行的空格数分别为 6、5、4、3、2、1，如果与行号联系起来，每行要输出的空格数为 7 – i 个。

(4) 每行 "∗" 的个数分别为 1、3、4、7、9、11，正好是 2 ∗ i – 1 个。

(5) 用外层循环实现行的转换，内层循环输出各行内容。

【程序代码】

```
#include"stdio.h"
main()
{
    int i,j;
    for(i=1;i<=6;i++)              /∗ 外循环控制要输出的行数 ∗/
    {
      for(j=1;j<=7-i;j++)          /∗ 内循环 1 控制输出空格符 ∗/
        printf(" ");
      for(j=1;j<=2*i-1;j++)        /∗ 内循环 2 控制输出 "∗" ∗/
        printf("∗");
      printf("\n");                /∗换行∗/
    }
}
```

**小测验**

针对上面的实例，思考下列问题：

(1) 上例中的图形是三角形的，如何输出菱形的图形？

(2) 如果去掉 "printf ("\n")" 语句，会有什么效果？

C 语言程序中，3 种循环语句 while、do-while 和 for 可以相互嵌套，嵌套的形式可以是多种多样的，以下 3 种都是合法的嵌套形式：

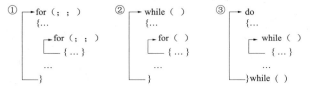

此外，在使用循环嵌套时要注意以下几点：

（1）外层循环应完全包含内层循环，不能交叉，否则会引起歧义，以下嵌套形式是错误的：

```
for (; ; )
{...
  do
  {...
  ...
}
}while ( )
```

（2）循环嵌套的循环控制变量一般不应同名，以免造成混乱，不便于理解和控制。

（3）嵌套循环时应使用缩进，保持良好的书写格式，以提高程序的可读性。

## 5.4  循环结构应用实例

【例5-13】行李托运费计算程序。火车站托运行李，从甲地到乙地，按规定每张客票托运行李不超过50千克，按每千克1.35元计算运费，如超过50千克，超过的部分按每千克2.65元计算运费。编写程序，计算多名旅客的行李托运费，当不想计算时输入"-1"结束程序，并统计当前行李总重量及总托运费。

【编程思路】

程序要能计算多名旅客的行李托运费，需要使用循环结构。循环结构必须明确循环条件和循环体，本题循环条件很明确，即行李重量不是-1时执行循环，循环体比较简单，但需要使用累加统计行李总重量及总托运费。

【程序代码】

```c
#include<stdio.h>
main()
{
  float w,f,s,g;
  s=g=0;
  printf("请输入行李重量:");
  scanf("%f",&w);
  while(w!=-1)
    {
    if(w>50)
      f=50*1.35+(w-50)*2.65;
    else
      f=w*1.35;
      printf("您的行李托运费为:%.2f\n",f);
      g=g+w;    /* 计算总重量 */
      s=s+f;    /* 计算总费用 */
      printf("请输入行李重量:");
      scanf("%f",&w);
    }
```

```
    printf("当前行李总重量为:%.2f\t",g);
    printf("总费用为:%.2f\n\n",s);
}
```

程序运行过程及输出结果如图 5－21 所示。

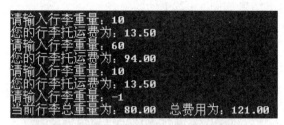

**图 5－21 【例 5－13】的输出结果**

【例 5－14】输入 10 个整数，求其中的最大数和最小数。

【编程思路】

（1）定义变量 max、min，分别用来存储最大值和最小值，用变量 x 存储输入的每个数，由于只用变量 x 表示输入的 10 个数，所以要使用循环结构。

（2）将输入的第一个数作为 max 和 min 的初值，以后每输入一个数都将与 max 与 min 分别比较，如果它大于 max，则将它存入 max，作为新的最大值，如果它小于 min，则用它替换原来的 min。如此重复下去，max 始终存放的是当前已输入的最大值，min 始终存放的是当前输入的最小值。

（3）定义变量 i 控制循环次数。

【程序代码】

```
#include "stdio.h"
main()
{
    int i;
    int x,max,min;
    printf("please input the first number :");
    scanf("%d",&x);
    max = x;min = x;
    i = 1;
    do
    {
        printf("Please input the next number :");
        scanf("%d",&x);
        if(x > max)
            max = x;
        else if(x < min)
            min = x;
        i++;
```

```
        }
    while(n<10);
    printf("max=%d,min=%d\n",max,min);
}
```

程序运行过程及输出结果如图 5-22 所示。

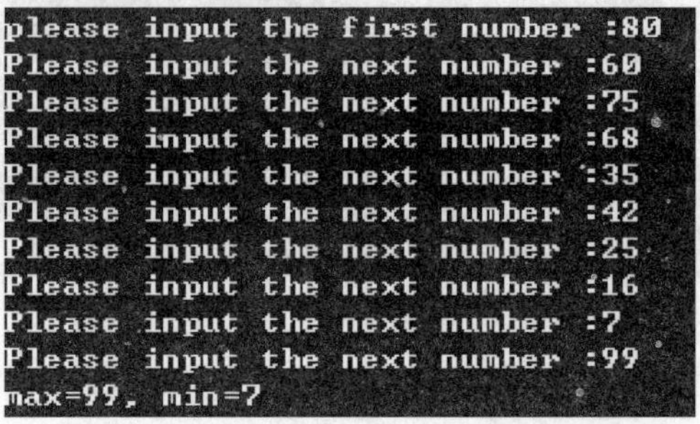

图 5-22　【例 5-14】的输出结果

【例 5-15】输出 100 和 200 之间的所有素数。

【编程思路】

【例 5-8】已经介绍了如何判断一个数 m 是不是素数，在此基础上，本题只需外套一个 for 循环，对 m 的所有取值进行穷举测试即可，也就是用外层循环使 m 从 101 递增到 200，而内层循环只需要判断 m 是否是素数，如果是则输出 m 的值。

【程序代码】

```
#include "stdio.h"
#include "math.h"
main()
{
    int m,i,flag,n=0;
    for(m=101;m<=200;m=m+2)
    {
        flag=0;        /*标志变量取初值*/
        for(i=2;i<=(int)sqrt(m);i++)
            if(m%i==0){flag=1;break;}  /*m不是素数时,标志变量取值为
1*/
        if(flag==0)
        {
            printf("%d ",m);  /*输出素数m*/
            n++;                    /*统计输出素数的个数*/
            if(n%7==0) printf("\n",m);   /*每行输出7个素数*/
        }
    }
    printf("\n");
}
```

程序的输出结果如图 5 – 23 所示。

```
101 103 107 109 113 127 131
137 139 149 151 157 163 167
173 179 181 191 193 197 199
```

**图 5 – 23　【例 5 – 15】的输出结果**

程序说明：

本例中定义的变量 flag 为标志变量。根据程序判定的情况给 flag 赋值，flag 为 0 时表示 m 是素数，flag 为 1 时表示 m 不是素数。为了使输出结果清晰，每行控制输出 7 个素数。

> **提示：**穷举法在计算机程序设计中应用非常广泛，其基本思想是对问题的所有可能状态一一进行测试，直到找到解或将全部可能状态都测试过为止。

【例 5 – 16】求斐波那契（Fibonacci）数列的前 40 个数。这个数列有如下特点：第 1、2 两个数为 1、1。从第 3 个数开始，该数是其前面两个数之和，即：

$$\begin{cases} F(1) = 1 & (n = 1) \\ F(2) = 1 & (n = 2) \\ F(n) = F(n-1) + F(n-2) & (n \geq 3) \end{cases}$$

【编程思路】

（1）本题属于典型的递推问题。递推问题就是需要不断地用旧值推算出新值，在程序中表现为不断地用新值取代变量旧值的过程。

（2）定义循环变量 n，用它来表示数列的项数，那么 n 要从 1 递增到 40，不过数列的前两项已经给出，所以 n 的初值为 3。

（3）定义变量 fn 存储每次计算出来的通项，由于 fn 的值可能很大，所以将其声明成长整型。

（4）定义变量 f1 和 f2，每次计算完通项后，在计算下一项时，原来的 f2 就成为新的 f1，刚计算出的 fn 就成为新的 f2。

（5）为了更清晰地输出数列，每行输出 4 个数。

【程序代码】

```c
#include"stdio.h"
main()
{
    long int f1,f2,fn;
    int n;
    f1 =1;f2 =1;
    printf("%12ld %12ld",f1,f2);/* 输出数列的前两项 */
    for(n =3;n <=40;n++)
    {
        fn = f1 + f2;                    /* 计算通项 */
        f1 = f2;                         /* 计算新的 f1 */
        f2 = fn;                         /* 计算新的 f2 */
```

```
    printf("%12ld",fn);/* 输出数据 */
    if(n%4==0)      /* 判断n是不是4的倍数,以决定是否换行 */
      printf("\n");
  }
}
```

程序的输出结果如图5-24所示。

| 1 | 1 | 2 | 3 |
|---|---|---|---|
| 5 | 8 | 13 | 21 |
| 34 | 55 | 89 | 144 |
| 233 | 377 | 610 | 987 |
| 1597 | 2584 | 4181 | 6765 |
| 10946 | 17711 | 28657 | 46368 |
| 75025 | 121393 | 196418 | 317811 |
| 514229 | 832040 | 1346269 | 2178309 |
| 3524578 | 5702887 | 9227465 | 14930352 |
| 24157817 | 39088169 | 63245986 | 102334155 |

图5-24    【例5-16】的输出结果

**小测验**

针对上面的实例，思考下列问题：

（1）"f1=f2"和"f2=fn"的位置可以调换吗？为什么？

（2）如果要计算不大于10000的所有通项，要如何修改？

**提示**：递推法的基本思想是不断地用旧值推算出新值，即用新值取代变量旧值。

## 5.5   本章小结

通过本章的学习，读者应掌握以下内容：

（1）循环结构。循环是需要重复执行某些操作，设计循环结构的关键是找出循环条件和循环体语句。

（2）循环结构的实现。C语言提供了3种实现循环结构的语句：while语句、do-while语句和for语句。3种循环可以用来处理同一个问题，不过它们各有各的特点，要根据情况选择合适的循环语句。一般而言，对于循环次数明确的大多使用for循环，而对不确定次数的大多使用while循环或do-while循环。

（3）循环嵌套。循环嵌套是一个循环体内又包含另一个循环。利用循环嵌套可以完成复杂程序的设计。3种循环（while循环、do-while循环和for循环）可以自身嵌套，也可以互相嵌套，如for-for嵌套、for-while嵌套或while-for嵌套等，其中使用最多的是for-for嵌套。

（4）提前结束循环。break语句用于提前结束循环的执行。注意，break语句只能结束包含它的那一层循环。

（5）常见问题的解决方法。本章介绍了计算累加和、阶乘、最大/最小值、判断素数、图形输出、斐波那契（Fibonacci）数列等典型问题的解决方法。

## 5.6  实训

### 实训 1

【实训内容】while 循环。

【实训目的】掌握 while 循环语句的使用、累加和的计算方法。

【实训题目】

（1）程序功能为从键盘输入 10 个整数，求其累加和，但程序中设置有错误，请改正并上机运行调试。

（2）求 n 个整数的和，n（n > 0）的值及 n 个整数由键盘输入。程序流程如图 5－25 所示，据此编写程序。

```
#include "stdio.h"
main()
{
    int i = 1,sum,x;
    while(i < 10);
    {
        printf("Enter a data:");
        scanf("%d",&x);
        sum = sum + x;
    }
    printf("sum is %d \n",sum);

}
```

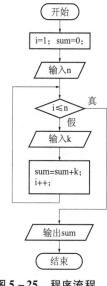

图 5－25  程序流程

### 实训 2

【实训内容】do-while 循环。

【实训目的】掌握 do-while 循环结构的控制。

【实训题目】求自然对数底 e 的值。$e \approx 1 + \frac{1}{1!} + \frac{1}{2!} + \frac{1}{3!} + \frac{1}{4!} + \frac{1}{5!} + \cdots + \frac{1}{n!}$，要求直到最后一项的值小于 $10^{-6}$ 为止。

请补全程序，然后上机运行调试，并记录程序的运行结果。

```
#include "stdio.h"
main()
{
    double e,n,t,p;
    _____;
    n = 1;
    p = 1;
```

```
    do
    {
        p = p * n;
        t = 1.0 / p;
        e = e + t;
        _____ ;
    }
    while( _____ );
    printf("e = %.6lf \n",e);
}
```

## 实训 3

【实训内容】for 循环。

【实训目的】掌握 for 循环语句的使用、穷举法的应用。

【实训题目】

（1）求 100 ~ 999 中的水仙花数。所谓水仙花数是指一个数的各位数字的立方和等于该数自身的数，如：$153 = 1 \times 1 \times 1 + 5 \times 5 \times 5 + 3 \times 3 \times 3$，$370 = 3 \times 3 \times 3 + 7 \times 7 \times 7 + 0 \times 0 \times 0$。

【编程点拨】

①定义变量 n，让 n 从 100 递增到 999，然后判断每个 n 是否是水仙花数。

②从 n 中拆分出百位数字、十位数字和个位数字，分别用变量 i、j、k 表示。

③当 3 个数字的立方和等于 n 时，n 就是水仙花数。

程序已经给出部分代码，请将程序补充完整，然后上机运行调试。

【程序代码】

```
#include "stdio.h"
main()
{
    int i,j,k,n;
    for( _____ )
    {
        i = n / 100;            /*百位数字*/
        j = (n / 10)%10;        /*十位数字*/
        k = n%10;               /*个位数字*/
        if(n == i * i * i + j * j * j + k * k * k)   /*判断是否为水仙花数*/
        _____ ;/*输出 n 的分解形式*/
    }
    printf(" \n");
}
```

（2）编写程序，统计 3 000 和 8 000 之间有多少个无重复数字的奇数，输出这些奇数和统计结果，要求按每行 10 个数的格式输出结果。说明：3 015、3 217 为无重复数字的奇数，而 3 113、3 211 为有重复数字的奇数。

【编程点拨】

①定义变量 number，让 number 从 3 000 递增到 8 000。

②在循环体内对 number 进行其是否奇数的判断，是奇数则从该奇数中拆分出个位、十位、百位、千位 4 位数字，然后再判断这 4 位数字是否重复，如果重复则不符合统计条件，跳过该数（可用 continue 语句），如果 4 位数字均不重复，则计数并输出该奇数。

第 5 章实训 3（2）
源代码

③因为输出的数字较多（符合本题条件的奇数有 1 232 个），为了结果清晰，题目要求每行仅输出 10 个数，此操作可参考本章【例 5 – 14】设计。

## 实训 4

【实训内容】循环嵌套。

【实训目的】掌握 for – for 循环嵌套的应用。

【实训题目】

（1）编写程序，输出图 5 – 26 所示的图形。

图 5 – 26　实训 4 图形（1）

（2）编写程序，输出图 5 – 27 所示的图形。

图 5 – 27　实训 4 图形（2）

【编程点拨】本题目可以按照以下步骤进行：

（1）图形中共 6 行，定义变量表示行数，使用循环嵌套，在外层循环中让行数从 1 递增到 6。

（2）每行前面分别有 6 ~ 12 个空格，并且依次递增，每行有 12 个 "#" 号，每行最后自动换行，仿照【例 5 – 11】将循环体分成三部分，第一部分使用循环实现输出空格，第二部分使用循环固定输出 12 个 "#" 号，第三部分输出换行符。

## 实训 5

【实训内容】循环综合应用。

【实训目的】掌握用循环结构处理问题的方法。

【实训题目】假设某班有 5 名学生，期末考 4 门课程。编制程序，要求输入每位学生的各门单科成绩，计算出每人的平均成绩。

第 5 章实训 5
源代码

【编程点拨】程序需要用到二层循环，外循环控制学生人数及每位学生平均分的计算和输出，内循环用来读入每位学生的4门课程成绩并计算出总分。

下面程序中只给出了变量定义部分，请续写程序，使之能够得到要求的输出结果。

```
#include <stdio.h>
main()
{
int i,j;
float score,sum,avg;
/* 变量 score 存放学生单科成绩,sum 存放总成绩,avg 存放平均成绩 */
…
…
}
```

程序执行过程及输出结果如图5-28所示。

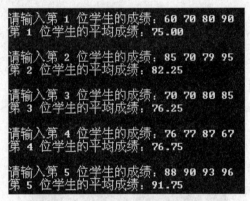

图 5-28　实训 5 程序的输出结果

### 实训 6

【实训内容】循环综合应用。

【实训目的】掌握用循环结构处理问题的方法。

【实训题目】算术练习程序。在第4章实训5的基础上，根据用户选择的菜单项，让计算机一次为小学生出10道简单的算术题，每题10分。小学生输入答案后，程序自动判定答案是否正确，最后给出小学生答对题目的数量和得分。

阅读下面的程序，然后上机运行调试。

```
#include <stdio.h>
#include <stdlib.h>
#include <time.h>
main()
{
    int a,b,xz,answer,i,n = 0,total = 0,f = 0;
    srand(time(NULL));
    printf(" \n");
```

```c
printf("        简单算术练习程序        \n");
printf("    ************************** \n");
printf("\n");
printf("          1 ----- 加法 \n");
printf("          2 ----- 减法 \n");
printf("          3 -----乘法 \n");
printf("          4 ----- 除法 \n");
printf("\n");
printf("    **************************        \n");
printf("\t 请选择运算: ");
scanf("%d",&xz);
printf("\n");
switch(xz)
{
    case 1:f=1;
        for(i=1;i<=10;i++)
        {
            a=rand()%10;b=rand()%10;
            printf("\t 第%d 题: %d+%d=",i,a,b);
            scanf("%d",&answer);
            if(answer==a+b) {n++;total=total+10;}
        }
        break;
    case 2:f=1;
        for(i=1;i<=10;i++)
        {
            a=rand()%10;b=rand()%10;
            printf("\t 第%d 题: %d-%d=",i,a,b);
            scanf("%d",&answer);
            if(answer==a-b) {n++;total=total+10;}
        }
        break;
    default:f=0;
}
if(f==1) printf("\n \t 你共答对了:%d 道题得分:%d \n \n",n,total);
else printf("\n \t 对不起,你选择的运算不能实现,退出练习程序! \n \n");
}
```

程序执行后，选择加法练习时的输出界面如图5－29所示。

**图5－29　实训6程序的输出界面**

思考：

（1）程序只提供了加、减运算，完善此程序，实现乘、除运算功能。

（2）程序中变量 f 所起的作用是什么？能否用别的方法代替实现？

# 习题 5

5－1　分析下面的程序，写出程序的输出结果。

```c
#include<stdio.h>
main()
{
    int i,n,t=1;
    i=1;
    while(i<=10)
    { n=i*t;
      printf("%4d",n);
      i++;
      t=t*(-1);
    }
}
```

5－2　分析下面的程序，写出程序的输出结果。

```
main()
{
    int i = 0, sum = 0;
    while( i < 10)
        sum += i++;
    printf("i = %d,sum = %d \n",i,sum);
}
```

5-3　写出下面程序的输出结果。

```
main()
{
    int i = 10,sum = 0;
    do
    {
      sum = sum + i;
       i-- ;
    } while( i >= 5);
    printf("sum = %d \n",sum);
}
```

5-4　执行程序时，若输入的数据为 -5，写出程序的输出结果。

```
main()
{
    int s = 0,a = 1,n;
    scanf("%d",&n);
    do
      {s+=1;a = a -2;}
    while(a!=n);
    printf("%d \n",s);
}
```

5-5　写出下面程序的输出结果。

```
main()
{
    int i,k,sum = 0;
    for(i = 1,k = 5;i <= k;i++,k--)
        sum += i * k;
    printf("%d \n",sum);
}
```

5-6　写出下面程序的输出结果。

```
main()
{
    int i,j;
    for(i =5;i>=5;i--)
      {for(j =1;j <=i;j++)
            printf(" * ");
       printf(" \n");
      }
}
```

5-7  比较下面两个程序，写出程序的输出结果。

【程序 1】

```
#include "stdio.h"
main()
{
    int i =0,j =0,k;
    for(k =0;k <5;k++)
    {
        if(k%2 >0) {i++;break;}
        j++;
    }
    printf("i = %d,j = %d \n",i,j);
}
```

【程序 2】

```
#include "stdio.h"
main()
{
    int i =0,j =0,k;
    for(k =0;k <5;k++)
    {
        if(k%2 >0) {i++;continue;}
        j++;
    }
    printf("i = %d,j = %d \n",i,j);
}
```

提示：continue 语句用来提前结束本次循环，即不再执行循环体中 continue 语句之后的语句，直接转入下一次循环条件的判断与执行。

5-8  下面的程序代码是求 1 000 以内所有能被 13 整除的整数之和，请将程序补充完整。

```
#include "stdio.h"
main()
{
    int sum = _____, i;
    for( i =1;_____;i++ )
        if(_____)
            sum = sum + i;
    printf("1 至 1000 中是 13 的倍数的数值之和是:% d \n",sum);
}
```

5 - 9　编程题。

（1）一张纸的厚度为 0.1mm，珠穆朗玛峰的高度为 8 848.13m，假如纸张足够大，将纸对折多少次后可以超过珠峰的高度？

（2）计算 $1 \times 2 + 3 \times 4 + 5 \times 6 + \cdots + 99 \times 100$ 的值。

（3）输入 6 个学生的成绩，分别统计成绩在 85～100 分、60～85 分和 60 分以下各分数段的人数。

（4）在 1 到 500 中，找出能同时满足用 3 除余 2、用 5 除余 3、用 7 除余 2 的所有整数。

（5）输出图 5 - 30 所示的图案。

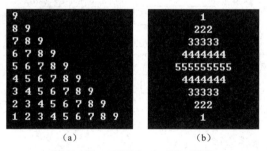

图 5 - 30　习题 5 - 9（5）图案

习题 5 - 9（5）（a）　　习题 5 - 9（5）（b）
参考答案　　　　　参考答案

（6）已知 $xyz + yzz = 532$，其中 x、y、z 都是数字，编写程序求出 x、y、z 分别是多少。

提示：本题可用 3 层循环完成，x 的取值范围是 1～5，y 的取值范围是 0～9，z 的取值范围是 0～9。

# 第6章
## 数组及其应用

【本章知识要点思维导图】

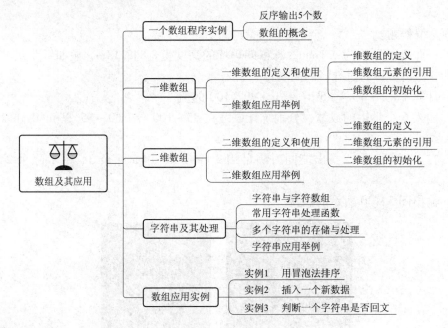

【学习目标】

通过本章的学习，你将能够：

◇了解数组的概念及应用场合；

◇掌握一维数组的定义、初始化和使用方法；

◇掌握二维数组的定义、初始化和使用方法；

◇掌握字符数组的定义、初始化和使用方法；

◇掌握常用字符串处理函数；

◇运用数组进行程序设计。

【学习内容】

数组的概念、一维数组的定义和数组元素的引用、二维数组的定义和数组元素的引用、数组在程序中的应用、单个字符串和多个字符串的存储、常用字符串处理函数。

## 6.1　一个数组程序实例

什么是数组？程序中为什么要使用数组？在学习数组之前，先看一个简单的例子。

【例6-1】输入一个学生5门课的成绩，要求按与输入次序相反的顺序输出。

【编程思路】

（1）5 个成绩需要存储在 5 个变量中，先定义接收成绩的 5 个变量。

（2）输入 5 个成绩，依次将其赋给 5 个变量。

（3）从最后一个变量开始依次往前输出每个变量的值。

【程序代码】

```
#include<stdio.h>
main()
{
    float s1,s2,s3,s4,s5;
    printf("请输入 5 个成绩:");
    scanf("%f %f %f %f %f",&s1,&s2,&s3,&s4,&s5);
    printf("成绩按逆序输出:");
    printf("%7.2f \n",s5);
    printf("%7.2f \n",s4);
    printf("%7.2f \n",s3);
    printf("%7.2f \n",s2);
    printf("%7.2f \n",s1);
}
```

执行程序时，输入 5 个数据，程序的输出结果如图 6-1 所示。

```
请输入5个成绩: 90 78 87 98 88
成绩按逆序输出:   88.00   98.00   87.00   78.00   90.00
```

图 6-1　【例 6-1】的输出结果

程序分析：

由于一个 float 类型的变量中只能存放一个成绩，所以程序中定义了 5 个变量来存放 5 个成绩。然而 5 门课的成绩同属于一个同学，它们是一组相关数据，而在该程序中由于这 5 个变量是各自独立的，并没有反映出这些成绩的整体关系。另外，该程序实现的是 5 个成绩的逆序输出，假如有 10 个成绩、20 个成绩，那么程序中就需要定义 10 个变量、20 个变量，显然这是不现实的，程序也无法做到。这样就出现了下面的问题：

一个人的 N 门课的成绩怎样存储和处理？

一个班的 N 门课的成绩怎样存储和处理？

分析这些数据，不难发现它们有一个共同特点，就是数量大而且数据类型相同。为了能方便地处理这种类型数据，C 语言提供了一种构造数据类型，即数组。

数组是一组相同类型的变量的集合，用一个数组名标识，其中每个变量（称为数组元素）通过它在数组中的相对位置（称为下标）来引用。

数组有一维数组和多维数组，常用的是一维数组和二维数组。

例如，存储一个学生的 5 门课的成绩，可以使用一维数组。语句 "float score[5];" 定义了一个数组，其中 score 是数组名，该数组有 5 个元素，分别表示为 score[0]、score[1]、score[2]、score[3] 和 score[4]，可以存放一个学生的 5 门课的成绩。那么，一个班的 N 门课的成绩的存储和处理可以使用二维数组完成。

【例6-2】利用一维数组处理【例6-1】中的问题。

【程序代码】

```c
#include<stdio.h>
main()
{
    int i;
    float score[5];        /*定义数组*/
    printf("请输入5个成绩:");
    for(i=0;i<5;i++)    /*输入成绩,依次存入5个数组元素中*/
        scanf("%f",&score[i]);
    printf("成绩按逆序输出:");
    for(i=4;i>=0;i--)      /*逆序输出每个数组元素*/
        printf("%7.2f",score[i]);
}
```

执行程序时，输入5个数据，程序的输出结果如图6-2所示。

请输入5个成绩: 90 78 87 98 88
成绩按逆序输出:    88.00   98.00   87.00   78.00   90.00

图6-2　【例6-2】的输出结果

可以看到，程序中定义了一个大小为5的数组来存放学生的成绩，然后很容易地通过循环控制不同的下标访问每个数组元素，进行数据的输入和输出操作。当然，假如要处理的是10门课的成绩，那么只需将数组大小以及循环的次数改动一下即可。

提示:在程序中,将数组和循环结构结合起来,利用循环对数组的元素进行操作,可使算法大大简化,程序更容易实现。

# 6.2　一维数组

### 6.2.1　一维数组的定义和使用

一维数组是最简单的数组，是指只有一个下标的数组，通常用于存放一组数据类型相同的多个数据，因此需要占据一定大小的存储空间。在C语言中，所有数组在使用之前必须先定义，即指定数组的名字、大小和类型。一旦定义了数组，系统就为数组在内存中按需要分配一段大小固定且连续的存储空间。因此，一维数组的名称、大小和类型，要通过数组定义来确定。

1. 一维数组的定义

一维数组的定义格式：

数据类型　数组名［常量表达式］;

其中，数据类型是各数组元素的数据类型，数组名遵循C语言标识符规则。常量表达式表示数组中有多少个元素，即数组的长度。

例如：int x[10];

通过上面的数组定义语句，可以了解到有关该数组的以下信息：

（1）数组名：数组名为 x。在 C 语言中，数组名表示该数组的首地址，即第一个元素的地址（&x[0]）。

（2）数组维数：一维。

（3）数组元素的个数（即数组长度）：10 个。C 语言规定第一个元素的下标为 0，第 2 个元素的下标为 1，依次往后，那么数组 x 的最后一个元素的下标为 9，这样数组 x 的各个元素依次表示为：x[0]、x[1]、x[2]、…、x[9]。

（4）数组元素的类型：类型名 int 规定了数组 x 的类型，即数组中的所有元素均为整型，那么这样的一个元素可以存放一个整数。

（5）数组元素在数组集合中的位置：编译时将会为数组 x 分配 10 个连续的存储单元，如图 6-3 所示，其中每个数组元素依据下标依次连续存放。

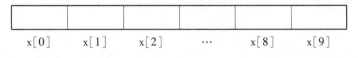

**图 6-3　一维数组 x 的存储结构示意**

以下数组定义也是正确的：

#define N 10

float score1[N];

int num[10 + N];

---

**小测验**

定义数组，存储下列数据：

（1）100 个整数；

（2）100 种商品的价格；

（3）26 个英文字母。

---

在定义一维数组时，需要注意的是：

（1）表示数组长度的常量表达式，必须是正的整型常量表达式。

（2）相同类型的数组、变量可以在一个类型说明符下一起说明，互相之间用逗号隔开，例如：int a[5]，b[10]，i。

（3）C 语言不允许定义动态数组，即数组的长度不能是变量或变量表达式，下面这种数组定义方式是不允许的：

int i;

scanf("%d", &i);

int a[i];

2. 一维数组元素的引用

一维数组的数组元素由数组名和下标来确定，引用形式如下：

数组名［下标表达式］

例如，有定义"float a[8]，x＝3，y＝1;"，那么，a[0]、a[x]、a[x＋y] 都是数组a中元素的合法引用形式，0、x、x＋y 是下标表达式，由于定义数组a大小为8，所以下标表达式的值必须大于或等于0，并且小于8。

引用数组元素时，需要注意：

（1）数组元素实际上就是变量，因此它的使用规则与同类型的普通变量是相同的。

（2）数组不能整体引用。例如，对上面定义的数组a，不能用数组名a代表a[0] 到a[7] 这8个元素，即用以下语句整体输出a数组是不正确的：

printf("％d"，a)；／＊错误用法＊／

（3）要输出数组a的值，必须输出每个元素的值，比如：

for(j＝0；j＜8；j＋＋)

    printf("％d＼t"，a[j])；

**提示：**

（1）一维数组中数组元素的位置由其下标确定。

（2）程序中常用循环语句控制下标变化的方式来访问数组元素。

（4）在C语言程序中，所有数组元素的下标都是从0开始的，在引用数组元素时，引用的下标要在数组的定义范围之内，不要越界。比如，有数组定义：

float a[8]；

数组a元素的正确引用范围为a[0] ～a[7]，如果在程序中出现a[8] 或者a[9] 之类的引用即越界。需要注意的是，C语言程序编译时不进行越界检测，倘若数组引用越界，编译时系统不会给出错误提示，那么程序在运行时，很有可能破坏其他数据或使用错误数据，导致程序的运行结果出错甚至破坏系统。

【例6－3】分析下面的程序，理解一维数组元素的引用。

【程序代码】

```
#include<stdio.h>
main()
{
    int a[10],i;
    for(i=0;i<10;i++)
        a[i]=i;                /*给数组元素赋值*/
    for(i=9;i>=0;i--)
        printf("%d",a[i]);     /*输出数组元素的值*/
}
```

程序的运行结果如图6－4所示。

9876543210

图6－4　【例6－3】的运行结果

**小测验**

把上面程序中的数组 a 更换成普通变量 a，程序的输出结果是 _____ 。

```c
#include < stdio. h >
main( )
{
    int a,i;
    for( i=0;i<10;i++ )
            a = i;
    for( i=9;i>=0;i-- )
            printf( "%d",a);
}
```

3. 一维数组的初始化

程序在编译时，仅仅为数组在内存中分配了一串连续的存储单元，这些存储单元中并没有确定的值，可以用以下形式，在定义时为数组赋初值：

（1）定义时为每个元素都指定值。

int x[5] = {78，87，77，91，60}；

所赋初值放入大括号中，用逗号隔开，数值类型必须与说明的数组类型一致，系统会按这些值的排列顺序，从第一个元素开始依次给数组 x 中的每个元素赋初值。

初始化后，数组 x 的存储情况为：

| 78 | 87 | 77 | 91 | 60 |
|---|---|---|---|---|
| x[0] | x[1] | x[2] | x[3] | x[4] |

在初值的个数与数组大小一致时，可以省略数组的大小，例如：

int x( ) = {78，87，77，91，60}；

此时，系统会根据提供的数据个数确定数组的大小。

（2）指定部分元素的值。

int x[5] = {78，87，77}；

初始化后，数组 x 的存储情况为：

| 78 | 87 | 77 | 0 | 0 |
|---|---|---|---|---|
| x[0] | x[1] | x[2] | x[3] | x[4] |

定义的数组 x 有 5 个元素，后面只提供了 3 个初值，那么没有取到值的 2 个元素，系统会自动赋初值 0。利用这种方式可以很方便地给数组中的所有元素清 0，例如：

int x[5] = {0}；

### 6.2.2　一维数组应用举例

【例 6-4】输入 10 名学生的成绩，找出最高分和最低分。

【编程思路】

（1）本题实际上是最大数、最小数问题。

（2）定义一个大小为 10 的数组来存储这 10 个成绩，定义两个变量 max、min，分别用来存放最高分和最低分。

（3）最高分和最低分的确定需要通过比较才能得出。先将第一个成绩存入 max 和 min 中，然后用 max 和 min 依次与其他成绩进行比较，在比较过程中把较高的成绩放入 max 中，把较低的成绩放入 min 中，最后输出 max 和 min 即可。

【程序代码】

```c
#include <stdio.h>
main()
{
    float score[10],max,min;
    int i;
    printf("请输入10个成绩:");
    for(i=0;i<10;i++)
        scanf("%f",&score[i]);
    max=min=score[0];        /*将第一个成绩存入max、min中*/
    for(i=1;i<10;i++)        /*从第二个成绩开始查找最高分和最低分*/
    {
        if(score[i]>max)max=score[i];
        if(score[i]<min)min=score[i];
    }
    printf("最高分:%.2f,最低分:%.2f\n",max,min);
}
```

程序的运行结果如图 6-5 所示。

请输入10个成绩:78 89 94 85 76 96 69 68 77 88
最高分: 96.00, 最低分: 68.00

图 6-5  【例 6-4】的运行结果

**小测验**

修改上面的程序，使程序能计算10个成绩的平均分。

【例 6-5】程序功能是随机产生 10 个 50 以内的整数放入数组中，求产生的 10 个数中偶数的个数及其平均值。

【编程思路】

（1）产生 0 和 50 之间的随机整数用库函数 rand()%50，该函数使用时需要包含头文件"#include <stdlib.h>"。

（2）取出每个数进行判断，如果是偶数则计算累加和，同时统计偶数的个数。

【程序代码】

```c
#include <stdio.h>
#include <stdlib.h>
main()
```

```
{
    int a[10];  /*定义数组*/
    int k,j;
    float ave,s;
    k=0;s=0.0;
    for(j=0;j<10;j++)          /*用数组存放10个随机整数*/
        a[j]=rand()%50;
    printf("数组中的值:");
    for(j=0;j<10;j++)          /*输出10个随机整数*/
        printf("%6d",a[j]);
    printf("\n");
    for(j=0;j<10;j++)
        {
            if(a[j]%2==0)      /*如果数组元素的值为偶数*/
                {s+=a[j];k++;}/*累加及偶数个数计数*/
        }
    if(k!=0){ave=s/k;printf("偶数的个数:%d\n偶数的平均值:%f\n",
k,ave);}
}
```

程序的运行结果如图 6-6 所示。

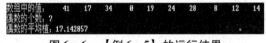

图 6-6　【例 6-5】的运行结果

【例 6-6】利用一维数组输出斐波那契（Fibonacci）数列的前 20 项，要求每行输出 5 个数。

【编程思路】

（1）定义一个大小为 20 的 int 型数组存放数列的前 20 项，为前两个元素均赋值 1，从第 3 个元素开始，其值为前两个元素之和，即 $a[i]=a[i-2]+a[i-1]$。

（2）因为数组元素下标从 0 开始，下标值总比元素的顺序少 1，如 $a[4]$ 为数组中的第 5 个元素，所以当输出 $a[4]$、$a[9]$、$a[14]$ ……时应该换行，而 4、9、14……这些值加 1 即 5 的倍数。

【程序代码】

```
#include<stdio.h>
#define N 20                   /*定义符号常量N*/
main()
{
    int a[N],i;
    a[0]=a[1]=1;
    for(i=2;i<N;i++)    /*给剩余的18个元素赋值*/
        a[i]=a[i-2]+a[i-1];
```

```
    for(i=0;i<N;i++)
    {
        printf("%d\t",a[i]);
        if((i+1)%5==0) printf("\n");/*如果该行输出的数据满5个则
换行*/
    }
}
```

程序的运行结果如图6-7所示。

图6-7　【例6-6】的运行结果

---

**小测验**

如果要求输出前30个数，并且每行输出8个数，程序应该怎样修改？

---

# 6.3　二维数组

### 6.3.1　二维数组的定义和使用

从逻辑上可以把二维数组看成具有若干行和若干列的表格或矩阵，因此，在程序中用二维数组存放排列成行列结构的表格数据。

**1. 二维数组的定义**

定义二维数组时，除了给出数组名、数组元素的类型外，同时应给出二维数组的行数和列数。二维数组的定义格式为：

数据类型　数组名[常量表达式1][常量表达式2]；

其中，常量表达式1指定数组中所包含的行数，常量表达式2指定每行所包含的列数。

例如：int a[3][4];

通过上面的数组定义语句，可以了解到有关该数组的以下信息：

（1）定义了一个名为a的二维数组，数组中每个元素的类型均为整型。

（2）数组a中包含3×4=12个数组元素，其行、列下标都从0开始，依次加1，各数组元素分别为：

$$
\begin{array}{c}
\text{第0列}\quad\text{第1列}\quad\text{第2列}\quad\text{第3列}\\
\begin{array}{c}
\text{第0行}\\
\text{第1行}\\
\text{第2行}
\end{array}
\begin{pmatrix}
a[0][0] & a[0][1] & a[0][2] & a[0][3]\\
a[1][0] & a[1][1] & a[1][2] & a[1][3]\\
a[2][0] & a[2][1] & a[2][2] & a[2][3]
\end{pmatrix}
\end{array}
$$

**提示：** 二维数组a的逻辑结构恰似一个3行4列的表格，在程序中可用来存放有3行4列位置要求的表格数据。

（3）二维数组在内存中也是占据一片连续的存储单元，其物理结构与一维数组一样，各数组元素是按行存放的，即在内存中先顺序存放第一行元素，再接着存放第二行元素。二维数组在内存中的存储结构如图6-8所示。

| | | | | ... | | | | |
|---|---|---|---|---|---|---|---|---|
| a[0][0] | a[0][1] | a[0][2] | a[0][3] | ... | a[2][0] | a[2][1] | a[2][2] | a[2][3] |

**图6-8 二维数组 a 的存储结构示意**

在定义二维数组时需要注意，两个常量表达式的值只能是正整数，分别表示行数和列数，书写时要分别括起来。例如，以下定义是不正确的：

int a[3, 4]; /*错误定义*/

---

**小测验**

定义一个二维数组，用来存储40个学生的5门课的成绩。

---

2. 二维数组元素的引用

二维数组中的每个元素需要由数组名和两个下标来确定，引用形式如下：

数组名[下标表达式1][下标表达式2]

例如，有以下定义：

float b[4][5];

int x = 3，y = 1;

下面是对该数组元素的引用：

b[0][3]、b[x][y]、b[x-2][y+1]　/*正确的引用*/

b[0,3]、b[x,y]、b[x-2,y+1]　/*不正确的引用，格式错误*/

b[4][5]　/*不正确的引用，行、列下标都超出了引用范围*/

二维数组也不能整体引用，必须引用到数组中的元素，比如：

```
for(i=0;i<4;i++)
  for(j=0;j<5;j++)
      printf("%f",b[i][j]);
```

以上语句的执行结果是数组 b 中所有元素都在一行输出。如果要按行列的形式输出，则需要在每行元素输出完后输出一个回车换行符，上面语句可以改写为：

```
for(i=0;i<4;i++)
{
    for(j=0;j<5;j++)
        printf("%f",b[i][j]);
    printf("\n");     /*换行*/
}
```

**提示**：二维数组中每个元素都由两个下标确定，通常引用二维数组需要用到两层循环嵌套,外层循环控制行号,内层循环控制列号。

【例6-7】二维数组的输入/输出。

【程序代码】

```c
#include<stdio.h>
main()
{
    int x[3][4],i,j;
    printf("请输入数组的值:\n");
    for(i=0;i<3;i++)
        for(j=0;j<4;j++)
            scanf("%d",&x[i][j]);        /* 给数组元素输入值 */
    printf("输出数组的值:\n");
    for(i=0;i<3;i++)
    {
        for(j=0;j<4;j++)
            printf("%6d",x[i][j]); /*输出数组元素的值*/
        printf("\n");
    }
}
```

程序的运行结果如图6-9所示。

图6-9  【例6-7】的运行结果

3. 二维数组的初始化

二维数组的初始化方式有多种，其中常用以下几种方式：

（1）所赋初值个数与数组元素的个数相同。每行的初值放在一个大括号中，所有行的初值再放在一个大括号中。

例如：int a[3][2]={{1,2},{3,4},{5,6}};

初始化后，每个数组元素均被赋值，其中a[0][0]=1，a[0][1]=2，a[1][0]=3，a[1][1]=4，a[2][0]=5，a[2][1]=6，用行列的形式表示为：

$$\begin{bmatrix} 1 & 2 \\ 3 & 4 \\ 5 & 6 \end{bmatrix}$$

初始化时，第1维的大小可以省略不写。比如，上面语句也可以写成：

int a[][2]={{1,2},{3,4},{5,6}};

（2）只为数组的部分元素赋值，剩余的元素被自动赋0值，例如：

int a[3][2]={{1},{2,3},{4}};

第 0 行只提供了一个初值,该值被赋给第 0 行的第一个元素,即 a[0][0],a[0][1]会被系统自动赋 0 值。初始化后,每个数组元素的值分别是 a[0][0] = 1,a[0][1] = 0,a[1][0] = 2,a[1][1] = 3,a[2][0] = 4,a[2][1] = 0,用行列的形式表示为:

$$\begin{bmatrix} 1 & 0 \\ 2 & 3 \\ 4 & 0 \end{bmatrix}$$

**提示:** 二维数组初始化时,第一维的大小可以省略,但是第二维的大小绝对不能省略。

【例 6 - 8】利用初始化的方法给二维数组赋值并输出。

【程序代码】

```c
#include < stdio.h >
main()
{
    int x[3][4] = {{1,2},{3,4,5},{6,7,8,9}},i,j;
    printf("输出数组的值:\n");
    for(i=0;i<3;i++)
    {
        for(j=0;j<4;j++)
            printf("%6d",x[i][j]);
        printf("\n");
    }
}
```

程序的运行结果如图 6 - 10 所示。

图 6 - 10   【例 6 - 8】的运行结果

### 6.3.2　二维数组应用举例

【例 6 - 9】假设某班有 N 名学生,期末考 4 门课程。编制程序,要求输入每位学生的各门单科成绩,然后计算出每人的总分。

【编程思路】

(1) 全班 N 名学生的单科成绩和总成绩按以下形式存储:

| | | | | | |
|---|---|---|---|---|---|
| 第 1 个学生 | 成绩 1 | 成绩 2 | 成绩 3 | 成绩 4 | 总成绩 |
| 第 2 个学生 | 成绩 1 | 成绩 2 | 成绩 3 | 成绩 4 | 总成绩 |
| …… | …… | …… | …… | …… | …… |
| 第 N 个学生 | 成绩 1 | 成绩 2 | 成绩 3 | 成绩 4 | 总成绩 |

（2）定义一个二维数组 a[N][5]，数组每行存放一名学生的数据，每行前 4 列存放学生的 4 门单科成绩，第 5 列存放学生的总分。

（3）输入 N 个学生的单科成绩，存入二维数组 a 中。

（4）通过变量 sum 累加计算每位学生的总分，然后赋值给每行的最后一个元素。

（5）输出数组第 5 列上的值，即每个学生的总分。

【程序代码】

```c
#include<stdio.h>
#define N 5   /*以 5 名学生的为例*/
main()
{
    int a[N][5],i,j,sum;
    for(i=0;i<N;i++)          /*输入 5 名学生的成绩*/
    {
        printf("请输入第%d个学生 4 门课的成绩:",i+1);
        for(j=0;j<4;j++)       /*输入当前学生 4 门课的成绩*/
            scanf("%d",&a[i][j]);
    }
    for(i=0;i<N;i++)
    {
        sum=0;
        for(j=0;j<4;j++)       /*计算当前学生的总分*/
            sum+=a[i][j];
        a[i][4]=sum;
    }
    for(i=0;i<N;i++)           /*输出每个学生的总分*/
        printf("第%d个学生的总分为:%d\n",i+1,a[i][4]);
}
```

程序的运行结果如图 6-11 所示。

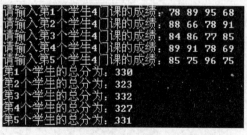

图 6-11　【例 6-9】的运行结果

程序说明：

程序中可以不使用变量 sum，做法是先将最后一列元素全部清 0，然后将每位学生的成绩直接累加到 a[i][4] 上，比如：

```
for(i=0;i<5;i++)
    a[i][4]=0;
for(i=0;i<5;i++)
    for(j=0;j<4;j++)
        a[i][4]+=a[i][j];
```

**小测验**

如果要求二维数组中只存放每位学生各门课的成绩，用一个一维数组来存放每位学生的总分，程序应该如何实现？

【例 6 - 10】利用二维数组输出杨辉三角形，如图 6 - 12 所示。

图 6 - 12　【例 6 - 10】输出的图形

【编程思路】

先将杨辉三角形的值存放在一个二维数组的下三角元素中，然后输出这些元素的值即可。

杨辉三角形具有如下特点：

（1）第 0 列和对角线上的元素均为 1。

（2）其他元素的值均为上一行上的同列和上一行前一列的元素之和。

【程序代码】

```
#include<stdio.h>
#define N 6
main()
{
    int a[N][N],i,j;
    for(i=0;i<N;i++)        /*第 0 列和对角线上元素置 1 */
    {
        a[i][0]=1;
        a[i][i]=1;
    }
    for(i=2;i<N;i++)        /*给杨辉三角形的其他元素置数 */
        for(j=1;j<i;j++)
            a[i][j]=a[i-1][j-1]+a[i-1][j];
    for(i=0;i<N;i++)        /*输出杨辉三角形 */
    {
        for(j=0;j<=i;j++)
```

```
            printf("%8d",a[i][j]);
        printf("\n");
    }
}
```

---

**小测验**

如果要输出具有 10 行的杨辉三角形，程序应如何修改？

---

# 6.4  字符串及其处理

### 6.4.1  字符串与字符数组

字符串是指用双引号括起来的一串字符，例如" Good"。字符串在内存中用字符数组来存放。字符数组实际上是数组元素为 char 类型的一维数组，其用法与普通数组基本相同。

1. 字符数组的定义及初始化

1）字符数组的定义

例如：char str[10];

数组 str 为字符数组，包含 10 个数组元素，即 str[0]、str[1]、…、str[9]，其中的每个元素只能存放一个字符。

2）字符数组的初始化

①举例1：逐个字符赋值，比如：

char str[5] = {'H', 'E', 'L', 'L', 'O'};/*每个数组元素各存放一个字符*/

初始化后，数组 str 的存储情况为：

| H | E | L | L | O |
|---|---|---|---|---|
| ch[0] | ch[1] | ch[2] | ch[3] | ch[4] |

②举例2：逐个字符赋值，比如

char ch[5] = {'c', 'a', 't'};/*数据不够时，其余元素取空字符'\0'*/

初始化后，数组 ch 的存储情况为：

| c | a | t | \0 | \0 |
|---|---|---|----|----|
| ch[0] | ch[1] | ch[2] | ch[3] | ch[4] |

字符串由若干字符组成，其末尾必须有字符串结束标记'\0'，所以上面的字符数组 str 中存放的是一组字符，不是字符串，而字符数组 ch 存放的是一个字符串。

**提示：**字符数组可以存放一组字符数据,也可以存放一个字符串。

③举例3：字符串赋值，用字符串初始化字符数组，比如：

char str[6] = {"HELLO"};

char str[6] = "HELLO";

char str[ ] = "HELLO";

以上三种形式的初始化定义结果都一样，其中第3种书写形式经常被使用。初始化后，字符数组 str 的存储情况为：

| H | E | L | L | O | \0 |
|---|---|---|---|---|---|
| str[0] | str[1] | str[2] | str[3] | str[4] | str[5] |

注意：以下操作是错误的，错误原因是数组名 str 是地址常量，不能用于赋值语句。

char str[10];

str = "student"; /* 错误 */

**2. 字符串的输入、输出**

C 语言提供了格式说明符%s，利用它可以进行整串的输入和输出操作。

（1）scanf( )函数中使用格式说明符%s 实现字符串的整串输入，例如：

char str[10];

scanf("%s", str);

输入的字符串被存放到数组 str 中，并且会自动在尾部加上结束标记'\0'。

使用格式符%s 输入字符串时，空格和回车符都作为输入数据的分隔符而不能被读入。上例中如果从键盘输入"a student<回车>"，则在数组 str 中存的是字符串"a"，而不是字符串"a student"。

提示：数组名 str 是数组的首地址，因此 scanf( )函数的输入项是 str，而不是 &str。

（2）printf( )函数中使用格式说明符%s 实现字符串的整串输出，例如：

char str[10] = "China";

printf ("%s", str);

输出结果为：China

用 printf( )输出时，输出项是待输出字符的位置。本例将从字符串的首字符开始，依次输出每个字符，直到遇到字符串结束标记'\0'为止。

---

**小测验**

下面两组语句输出的结果各是什么？

（1）char str[10] = "China";

  printf("%s",str + 3);

（2）char str[ ] = {'a','b','\0','c','d','\0'};

  printf("%s",str);

---

【例6-11】输入一个由字母组成的字符串，统计串中大写字母的个数。

【编程思路】

（1）从字符串中依次取出各个字符进行判断，直到遇到'\0'为止。

（2）用变量 n 统计大写字母的个数。

【程序代码】

```
#include <stdio.h>
#include <string.h>
main()
{
    char str[30];
    int i,n;
    n = 0;
    printf("请输入字符串:");
    scanf("% s",str);/*输入字符串*/
    i = 0;
    while(str[i]!='\0')
    {
        if(str[i]>='A'&&str[i]<='Z') /*如果是大写字母,变量n值增
1*/
            n++;
        i++;        /*指示下一个字符*/
    }
    printf("字符串中大写字母的个数为:% d\n",n);
}
```

程序的运行结果如图 6-13 所示。

```
请输入字符串:AStudentATeacher
字符串中大写字母的个数为: 4
```

图 6-13　【例 6-11】的运行结果

程序说明:

程序中变量 i 用来作数组元素下标,每次增 1 实现顺序取出字符串中的字符,变量 n 统计大写字母的个数,只有在当前字符为大写字母时其值才增 1。

### 6.4.2　常用字符串处理函数

在 C 语言程序中,很多字符串的处理都要借助字符串函数完成。C 语言提供了大量的字符串处理库函数,使用这些函数时,必须包含头文件" string. h"。下面介绍几种常用的字符串处理函数。

1. 字符串输入函数 gets()

例如:

char str[50];

gets(str);

str 为字符数组名,函数 gets()用来接收从键盘输入的字符串（可以包含空格符）,直到遇到换行符为止,系统自动将换行符用'\0'代替。

提示:注意函数 gets(str) 与 scanf("%s",str)的区别。

2. 字符串输出函数 puts( )

例如：

char str[ ] = "Hello World!";

puts(str);

str 为待输出字符串的起始地址，puts( )函数将从指定位置开始输出字符串，遇'\0'结束输出。

3. 字符串长度函数 strlen( )

例如：

char str[ ] = "Hello World!";

printf("%d", strlen (str));

函数 strlen( )能测试字符串的长度，函数的返回值为字符串的实际长度（不包括'\0'），上面语句的输出结果是12。

---

**小测验**

下面语句的输出结果是什么？

char str[ ] = "ab\n";

printf("%d\n", strlen(str));

---

4. 字符串复制函数 strcpy( )

例如：

char str1[20], str2[ ] = "Hello";

strcpy(str1, str2);

函数 strcpy( )将字符串2原样复制到字符数组1中去。使用该函数时，字符数组1必须定义得足够大，以便容纳被拷贝的字符串。

**提示**：对于字符串复制操作，语句"str1 = str2";是错误的写法。

---

**小测验**

下面语句的输出结果是什么？

char str1[20] = "abcde", str2[20] = "xyz";

printf("%d\n", strlen(strcpy(str1, str2)));

---

5. 字符串连接函数 strcat( )

例如：

```
char str1[20] = "abcde",str2[] = "xyz";
strcat(str1,str2);
puts(str1);
```

其运行结果如图6-14所示。

abcdexyz

**图6-14  运行结果**

函数 strcat( )将 2 个字符串连接成 1 个长的字符串。连接后的字符串放在字符数组 1 中，因此字符数组 1 必须足够大，以便容纳连接后的新字符串。

6. 字符串比较函数 strcmp( )

例如：strcmp("ask","active")

该函数将两个字符串从左至右逐个字符进行比较（比较 ASCII 码值），直到出现不同的字符或遇到 '\0' 为止，比较的结果由函数值返回。函数返回值有以下几种情形：

（1）字符串 1 = 字符串 2，函数值为 0；

（2）字符串 1 > 字符串 2，函数值为正整数；

（3）字符串 1 < 字符串 2，函数值为负整数。

举例：

```
if(strcmp("ask"," active") >0)
    puts("ask");
else
    puts("active");
```

其运行结果如图 6 – 15 所示。

**图 6 – 15　运行结果**

【例 6 – 12】连接两个字符串后计算所得到的字符串的长度。

【程序代码】

```
#include <stdio.h>
#include <string.h>
main()
{
    char str1[30],str2[10];
    printf("请输入第一个字符串:");
    gets(str1);
    printf("请输入第一个字符串:");
    gets(str2);
    strcat(str1,str2);
    printf("连接后的新串为:");
    puts(str1);
    printf("新串长度为:%d\n",strlen(str1));
}
```

程序的运行结果如图 6 – 16 所示。

**图6 – 16　【例 6 – 12】的运行结果**

### 6.4.3　多个字符串的存储与处理

一维字符数组可以存放和处理一个字符串，而多个字符串的存储和处理可以借助二维字符数组完成。

在 C 语言中，二维数组可以看成一种特殊的一维数组。例如，有以下数组定义：

char x[3][7];

可以把数组 x 看作一个包含 3 个元素 x[0]、x[1]、x[2] 的一维数组，而 x[0]、x[1]、x[2] 又分别包含了各自的 7 个元素，即可将 x[0]、x[1]、x[2] 分别看成包含 7 个元素的一维数组，那么 x[0]、x[1]、x[2] 都是数组名，数组名也是数组的首地址，因此 x[0] 是第 0 行的首地址，x[1] 是第 1 行的首地址，x[3] 是第 2 行的首地址。其关系如图 6 - 17 所示。

| x[0] | x[0][0] | x[0][1] | x[0][2] | x[0][3] | x[0][4] | x[0][5] | x[0][6] |
|------|---------|---------|---------|---------|---------|---------|---------|
| x[1] | x[1][0] | x[1][1] | x[1][2] | x[1][3] | x[1][4] | x[1][5] | x[1][6] |
| x[3] | x[2][0] | x[2][1] | x[2][2] | x[2][3] | x[2][4] | x[2][5] | x[2][6] |

**图 6 - 17　二维数组 x 的结构示意**

这样，数组中的每行可以存放一个字符串，那么多行就可以存放多个字符串。例如有以下初始化定义：

char fruit[ ][7] = { "Apple","Orange","Grape","Pear","Peach"};

数组 fruit 共有 5 个元素 fruit[0]、fruit[1]、fruit[2]、fruit[3]、fruit[4]，每个元素又是一个有 7 个元素的一维字符数组，其中可以存放长度小于 7 的字符串。

初始化后，数组 fruit 的存储结构如图 6 - 18 所示。

| fruit[0] | A | p | p | l | e | \0 | \0 |
|----------|---|---|---|---|---|----|----|
| fruit[1] | O | r | a | n | e | \0 | \0 |
| fruit[2] | G | r | a | p | e | \0 | \0 |
| fruit[3] | P | e | a | r | \0 | \0 | \0 |
| fruit[4] | P | e | a | c | h | \0 | \0 |

**图 6 - 18　数组 fruit 的存储结构示意**

【例 6 - 13】有 5 种水果，要求输出第 2 种和第 5 种水果的名称。

【程序代码】

```
#include < stdio.h >
main()
{
    char fruit[][7] = {"Apple","Orange","Grape","Pear","Peach"};
    printf("第 2 种水果是:");
    printf("%s\n",fruit[1]);/* fruit[1]为第 2 个字符串的首地址 */
    printf("第 5 种水果是:");
    puts(fruit[4]);            /* fruit[4]为第 5 个字符串的首地址 */
}
```

程序的运行结果如图 6-19 所示。

第2种水果是：Orange
第5种水果是：Peach

图 6-19　【例 6-13】的运行结果

提示：二维字符数组也称为字符串数组。比如有定义"char a[5][20];"，那么数组 a 是一个字符串数组，最多可以存放 5 个长度小于 20 的字符串。

### 6.4.4　字符串应用举例

【例 6-14】删除字符串 s 中所有的'*'，剩下的字符组成一个新字符串存入数组 t 中。

【编程思路】

（1）依次取出 s 中的每个字符判断，将不是'\0'且不是'*'的字符依次存入数组 t 中，最后 t 末尾加结束标志。

（2）定义两个变量 i 和 j，分别用作数组 s、t 的元素下标，以顺序访问每个元素。

【程序代码】

```c
#include<stdio.h>
main()
{
    char s[20],t[20];
    int i,j;
    printf("输入字符串:");
    gets(s);/*输入原始字符串*/
    i=0;
    j=0;
    while(s[i]!='\0')/*当字符串 s 没有结束时,继续执行*/
    {
        if(s[i]!='*')
        {
            t[j]=s[i];j++;/*如果当前字符不是'*',则存入数组 t 中*/
        }
        i++;
    }
    t[j]='\0';/*加字符串结束标记*/
    puts(t);/*输出新串*/
}
```

程序的运行结果如图 6-20 所示。

输入字符串：**A* *Boo**k*!**
A Book!

图 6-20　【例 6-14】的运行结果

**小测验**

修改上面的程序，将字符串 s 中的所有数字字符组成新串，存到数组 t 中。

【例 6 – 15】输入 5 个国家名称，要求按字母顺序找出排在最后的国家名称。

【编程思路】

（1）在 5 个串中找最大的字符串，其解决思路与在 5 个数中找最大数一样。

（2）定义一个字符串数组 str 存放 5 个国家名称，定义一个字符数组 maxstr 存放最大的串。

（3）将第一个字符串存入数组 maxstr 中，然后将数组 maxstr 和剩余字符串依次进行比较，最终找出最大的串。

【程序代码】

```c
#include <stdio.h>
#include <string.h>
main()
{
    char maxstr[20];
    char str[5][20];
    int i;
    printf("请输入 5 个国家名称:");
    for(i=0;i<5;i++)           /*输入 5 个字符串分别放在 str 的各行中*/
        gets(str[i]);
    strcpy(maxstr,str[0]);     /*将第一个字符串放入 maxstr 中*/
    for(i=1;i<5;i++)           /*将剩余字符串依次进行比较*/
        if(strcmp(str[i],maxstr)>0)
            strcpy(maxstr,str[i]);      /*将比较中的大串存入数组 max-
str*/
    printf("排在最后的国家名称为:%s \n", maxstr);
}
```

程序的运行结果如图 6 – 21 所示。

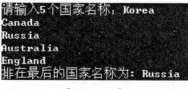

图 6 – 21　【例 6 – 15】的运行结果

# 6.5　数组应用实例

【例 6 – 16】用冒泡法对 10 个数按由小到大的顺序排序。

【编程思路】

冒泡法通过相邻两个数之间的比较和交换，使排序码（数值）较小的数逐渐从底部移向顶部，使排序码较大的数逐渐从顶部移向底部。其就像水底的气泡一样逐渐向上冒，故而得名。冒泡排序的过程如图 6 - 22 所示。

|   |   |   |   |   |   |   |   |   |   |   |   |
|---|---|---|---|---|---|---|---|---|---|---|---|
| 9 | 8 | 8 | 8 | 8 | 8 | 8 | 5 | 5 | 5 | 5 | 5 |
| 8 | 9 | 5 | 5 | 5 | 5 | 5 | 8 | 4 | 4 | 4 | 4 |
| 5 | 5 | 9 | 4 | 4 | 4 | 4 | 4 | 8 | 2 | 2 | 2 |
| 4 | 4 | 4 | 9 | 2 | 2 | 2 | 2 | 2 | 8 | 0 | 0 |
| 2 | 2 | 2 | 2 | 9 | 0 | 0 | 0 | 0 | 0 | 8 | 8 |
| 0 | 0 | 0 | 0 | 0 | 9 | 9 | 9 | 9 | 9 | 9 | 9 |

图 6 - 22　冒泡排序的过程示意

以 6 个数为例，首先比较相邻的两数 9 和 8，将较小值 8 移到前面，然后比较相邻的 9 和 5，将 5 移到前面，……，6 个数比较了 5 次，第一趟走完，最大的值 9 被放到了最后。对剩下的 5 个数（除 9 外）再进行以上操作，比较 4 次后，第二趟走完，次大数 8 被放到了倒数第二位。第 1 趟 6 个数比较 5 次，第 2 趟 5 个数比较 4 次，……，这样可以推出，n 个数需要走 n - 1 趟，第 i 趟需要比较 n - i 次。

用循环嵌套实现排序，外层循环控制比较的趟数，内层循环控制每趟比较的次数，内层循环体实现相邻两数的比较。

【程序代码】

```c
#include < stdio.h >
#define N 10
main()
{
    int a[N],i,j,t;
    printf("请输入 10 个数:");
    for(i=0;i<N;i++)
        scanf("%d",&a[i]);
    for(i=0;i<N-1;i++)            /* 外循环:控制比较趟数 */
        for(j=0;j<N-i-1;j++)      /* 内循环:进行每趟比较 */
            if(a[j]>a[j+1])
            {
                t =a[j];a[j] =a[j+1];a[j+1] =t;
            }
    printf("排序后的 10 个数:");
    for(i =0;i<N;i++)             /* 输出排序后的数据 */
        printf("%6d",a[i]);
    printf(" \n");
}
```

程序的运行结果如图 6 - 23 所示。

图 6 - 23　【例 6 - 16】的运行结果

【例6-17】在一组数据的指定位置上插入一个新数据。例如，数组中已经存有9个数，请在第k个数前插入数据x。

【编程思路】

k为x的插入位置，如果直接把x插到第k个数位上，会覆盖原先的第k个数。正确的做法是，插入x前，先把第k个数及其后面所有的数依次后移一个位置，空出第k个数位后再插入x。后移时，应从最后一个数开始，直至第k个数为止。

例如：当k=5，x=10时，插入过程如图6-24所示。

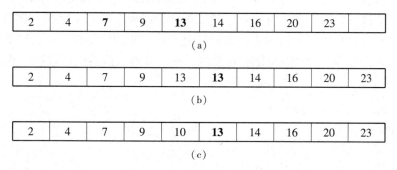

**图6-24　在数组中插入数据**

（a）原数组；（b）移动后的数组；（c）插入x后的数组

【程序代码】

```
#include <stdio.h>
#define N 10
main()
{
    int a[N]={2,4,7,9,13,14,16,20,23},i,k,x;
    printf("请输入在第几个数前插入(1-9):");
    scanf("%d",&k);
    printf("请输入要插入的数:");
    scanf("%d",&x);
    for(i=N-2;i>=k-1;i--)/*把第k个至第n-1个数依次后移*/
    a[i+1]=a[i];
    a[k-1]=x;/*将x插入到数组中*/
    printf("插入数后的序列为:");
    for(i=0;i<N;i++)
    printf("%6d",a[i]);
    printf("\n");
}
```

程序的运行结果如图6-25所示。

图 6-25 【例 6-17】的运行结果

小测验

修改上面的程序，使之能删除数组中的第 k 个数。

【例 6-18】判断一个字符串是否回文。回文是顺读与倒读都一样的字符串，比如字符串"abcdcba"。

【编程思路】

（1）根据回文的概念，从字符串前后对应位置各取一个字符进行比较。具体做法是，取串中第一个字符与最后一个字符比较，如果相同再继续取第二个字符与倒数第二个字符比较，……，直到取到中间字符为止，如果每组字符都相同则是回文，否则不是回文。

（2）定义两个变量 i 和 j 作为数组元素的下标，分别从前后引用数组中的元素。

【程序代码】

```c
#include <stdio.h>
#include <string.h>
main()
{
    char str[20];
    int i,j;
    printf("请输入要判断的字符串:");
    gets(str);
    i=0;                    /*第1个字符的位置*/
    j=strlen(str)-1;        /*最后1个字符的位置*/
    while(i<j)
    {
        if(str[i]!=str[j])break;/*不是回文,提前结束比较*/
        i++;
        j--;
    }
    if(i>=j)
        printf("该字符串是回文\n");
    else
        printf("该字符串不是回文\n");
}
```

程序的运行结果如图 6-26 所示。

图 6-26 【例 6-18】的运行结果

## 6.6 本章小结

通过本章的学习，读者应掌握以下内容：

（1）数组的概念。数组是一组类型相同的变量构成的集合。数组中的变量称为数组元素。

（2）数组的地址。数组占据连续的一段存储空间，数组名是其首地址。

（3）数组的定义。

①一维数组的定义形式：数据类型　数组名［常量表达式］

②二维数组的定义形式：数据类型　数组名［常量表达式1］［常量表达式2］

（4）数组元素的引用。

①一维数组元素的引用形式：数组名［下标］

②二维数组元素的引用形式：数组名［行下标］［列下标］

由于数组元素的下标从0开始连续变化，所以引用数组元素时，常用循环来处理。一维数组用单循环实现，循环变量作为元素的下标，顺序引用每个元素。二维数组借助二层循环，通常外层循环控制行下标，内层循环控制列下标，这样可以方便地顺序访问数组中的各元素，完成某些重复的操作。

引用元素时注意不能超过引用范围。

（5）一维数组的应用。一维数组可以存放一批类型相同的数据，并且利用一维数组可以对这批数据进行处理，如查找数据、插入数据、删除数据、对数据进行排序等操作。

（6）二维数组的应用。二维数组用来存放类型相同的多行多列形式的数据，如表格或矩阵数据，利用二维数组的逻辑结构可以直观地反映出数据的行列位置。

（7）字符数组。字符数组就是数组元素为char类型的数组，其用法与数值型数组基本相同。

（8）字符串的存储。字符串在内存中都用字符数组来存放。

一维字符数组可以存放和处理一个字符串，程序中常用字符串的结束符'\0'来判断字符串是否结束。

多个字符串的存储和处理可以借助二维字符数组（也称字符串数组）完成。

（9）字符串处理函数。C语言提供了很多字符串处理函数，比如字符串输入/输出、复制、连接、比较等，调用它们可以方便地处理字符串。注意，使用字符串处理函数时，程序前要加命令行" #include < string. h > "。

## 6.7 实训

### 实训1

【实训内容】一维数组。

【实训目的】掌握利用一维数组存储、处理一批数据的方法。

【实训题目】输入10个成绩放在一维数组中，计算这10个成绩的平均值，并统计高于平均分的成绩的个数。程序部分代码已经给出，请补全程序，然后上机运行调试。

```c
#include<stdio.h>
main()
{
    int i,count =0;
    float _____;
    printf("请输入10个成绩:");
    for(i=0;i<10;i++)
    {
        _____;
        sum +=score[i];
    }
    ave =sum/10;
    for(i=0;i<10;i++)
        if( _____ )
            count++;
    printf("高于平均分的有%d个人.\n",count);
}
```

## 实训 2

【实训内容】一维数组在程序中的应用。

【实训目的】掌握一维数组中数据查找的方法。

【实训题目】已知数组 data 中数不相重，在 data 中查找和 x 值相同的元素的位置，若找到，输出该值和该值在 data 中的位置，若没找到则输出相应信息。

部分程序代码已经给出，请把程序补充完整，然后上机运行调试。

```c
#include<stdio.h>
main()
{
    int data[8] ={3,4,2,7,8,9,0,1},i,x;
    printf("请输入要查找的数:\n");
    scanf("%d",&x);
    i=0;
    while(i<8)
    {
        if( _____ )/*如果找到,退出循环*/
            break;
        _____;/*没找到,继续取下一个数*/
    }
    if( _____ )/*如果找到了,输出该数和它在数组中的位置*/
        printf("%d在数组中是第%d个数\n",x, _____ );
```

```
    else
        printf("数组中没有%d\n",x);
}
```

## 实训 3

【实训内容】一维数组在程序中的应用。

【实训目的】掌握用一维数组解决问题的方法。

【实训题目】输入一个整数，输出整数的每位数字，每位数字之间用逗号分隔。例如：输入整数 12345，则输出应为 1，2，3，4，5。

【编程点拨】程序的主要工作是对整数进行拆分，将拆分出来的每位数字存于一维数组中。具体拆分方法为：将整数除以 10 取余数，得到它的各位数，存于一维数组中，同时将被拆分的整数除以 10，去掉个位数，循环进行，直到被拆分的整数为 0 时结束。

第 6 章实训 3
源代码

部分程序代码已经给出，请补全程序，然后上机运行调试，以得到指定的输出结果。

```
#include "stdio.h"
main()
{
    int a[20],i,n,base =10;
    printf("请输入一个整数:");
    scanf("%d",&n);
    i=0;
    do     /* do-while 循环对 n 进行拆分,将各位数字自低到高存于数组 a
中 */
    {

        _____

        _____

    } while(n);
    for(i--;i>=0;i--)

        _____         /* 自高到低输出数组 a */

}
```

程序的输出结果如图 6-27 所示。

请输入一个整数：12345
1,2,3,4,5

图 6-27　实训 3 程序的输出结果

【举一反三】修改程序，将输入的整数逆序输出。例如输入整数为 12345，输出结果为 54321。

## 实训 4

【实训内容】二维数组。

【实训目的】掌握二维数组的定义及使用方法。

【实训题目】

（1）运行程序，记录程序的运行结果。

```c
#include<stdio.h>
main()
{
    int a[9][9],i,j;
    for(i=0;i<9;i++)
        for(j=0;j<9;j++)
            a[i][j]=(i+1)*(j+1);
    printf("                        **乘法表** \n");
    printf("\t(1)\t(2)\t(3)\t(4)\t(5)\t(6)\t(7)\t(8)\t(9)\n");
    printf("------------------------------------------------------ \n");
    for(i=0;i<9;i++)
    {
        printf("(%d)\t",i+1);
        for(j=0;j<9;j++)
            printf("%d\t",a[i][j]);
        printf("\n");
    }
    printf("------------------------------------------------------ \n");
}
```

（2）修改程序，使其运行结果如图 6－28 所示。

图 6－28  实训 4 程序的运行结果

## 实训 5

【实训内容】二维数组的应用。

【实训目的】掌握利用二维数组解决问题的方法。

【实训题目】矩阵填数问题。生成图 6－29 所示的矩阵并输出。

第 6 章实训 5
源代码

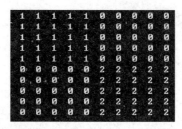

**图6－29　实训5程序所生成的矩阵**

【编程点拨】通过观察矩阵，可以看到此矩阵分为4个部分，左上角元素全为1，右下角元素全为2，其余元素均为0。设i、j分别表示数组的行、列下标，则左上角元素满足条件 i＜5 &&j＜5，右下角元素满足条件 i＞=5 &&j＞=5。按照这种规律，用二维数组存储生成的数据，然后再将其输出即可得到要求的矩阵。

说明：数组中的数据为生成的数据，无需由键盘输入。

部分程序代码已经给出，请把程序补充完整，然后上机运行调试。

```c
#include<stdio.h>
main()
{
    int a[10][10],i,j;
    for(i=0;i<10;i++)
        for(j=0;j<10;j++)
            if(i<5 &&j<5)_____;
            else if(i >=5 &&j >=5)_____ ;
            else a[i][j]=0;
    for(i=0;i<10;i++)
    {   for(j=0;j<10;j++)
            printf("%3d",a[i][j]);
        _____;
    }
}
```

**实训 6**

【实训内容】数值型数组的综合应用。

【实训目的】掌握综合运用数组解决问题的方法。

【实训题目】以下程序定义了一个N×N的整型数组 a，元素的值为0到50间的随机数。要求找出数组 a 中每行的最小值并放入一维数组 m 中，即将第0行的最小值放入 m[0] 中，将第1行的最小值放入 m[1] 中，……，最后输出每行的行号和最小值。

第6章实训6
源代码

部分程序代码已经给出，请把程序补充完整，然后上机运行调试。

```
#include < stdio.h >
#include < stdlib.h >
#define N 6
main( )
{
    int a[N][N],m[N],i,j;
    for(i=0;i<N;i++)
    {
        for(j=0;j<N;j++)
        {
            a[i][j] = _____;
            printf("%d \t",a[i][j]);
        }
        printf(" \n");
    }
    for(i=0;i<N;i++)
    {
        m[i] = _____;
        {
        for(j=1;j<N;j++)
            if(m[i] >a[i][j]) _____;
        }
    }
    for(i=0;i<N;i++)
        printf("row = %2d min = %5d \n", _____);
}
```

## 实训 7

【实训内容】字符数组。

【实训目的】掌握字符串的输入/输出操作。

【实训题目】

（1）制作生日卡片程序。程序运行时输入收信人和发信人的姓名及发信日期，然后在屏幕上显示一张生日卡。请阅读程序，然后上机运行调试。

```
#include "stdio.h"
#include "string.h"
main( )
{
    char str1[10],str2[10],str3[20];
    printf("please input your friend́s name:");
```

```
    gets(str1);
    printf("please input your name:");
    gets(str2);
    printf("please input date:");
    gets(str3);
    printf("\n ================================ \n");
    printf("   My dear:%s \n",str1);
    printf("       Happy birthday to your! \n");
    printf("                      yours, \n");
    printf("                         %s \n",str2);
    printf("              %s \n",str3);
    printf(" ================================ \n");
}
```

（2）从键盘输入一个字符串，将字符串中的所有数字字符转换成一个整数，其他字符不变。例如，输入的字符串是 ju56kh89j4f，则输出的整数是 56894。

部分程序代码已经给出，请将程序补充完整，然后上机运行调试。

```
#include <stdio.h>
main()
{
    char str[20];
    int i=0,s=0;
    printf("请输入字符串:");
    _____;        /* 输入字符串 */
    while( _____ )       /* 字符串没有处理结束,循环继续 */
    {
      if(str[i]>='0'&&str[i]<='9')
        {
         s*=10;
         s += _____;   /* 将数字字符转换为对应的整数 */
        }
      i++;
    }
    printf("%d \n",s);
}
```

## 实训 8

【实训内容】字符串数组。

【实训目的】掌握字符串数组及字符串函数的应用。

【实训题目】输入 10 个国家的名称，按字母顺序进行排序后输出。

第 6 章实训 8
源代码

程序代码已经给出，请上机运行调试，记录程序的运行结果，并给程序加上注释。

```c
#include <stdio.h>
#include <string.h>
main()
{
    char cname[10][10],temp[10];
    int i,j;
    printf("请输入 10 个国家的名称:");
    for(i=0;i<10;i++)    /* _____ */
        gets(cname[i]);
    for(i=0;i<9;i++)    /* _____ */
        for(j=0;j<9-i;j++)
            if(strcmp(cname[j],cname[j+1])>0)  /* _____ */
            {
                strcpy(temp,cname[j]);    /* _____ */
                strcpy(cname[j],cname[j+1]);
                strcpy(cname[j+1],temp);
            }
    printf("排序后:\n");
    for(i=0;i<10;i++)   /* _____ */
        puts(cname[i]);
}
```

# 习题 6

6-1  分析程序，写出每个程序的输出结果。

【程序 1】

```c
#include <stdio.h>
main()
{
    int arr[10],i,k=0;
    for(i=0;i<10;i++)arr[i]=i;
    for(i=0;i<4;i++)k+=arr[i]+i;
    printf("%d\n",k);
}
```

【程序 2】

```c
#include <stdio.h>
main()
{
```

```
    int p[8] = {11,12,13,14,15,16,17,18},i=0,j=0;
    while(i++<7)
        if(p[i]%2)    j+=p[i];
    printf("%d\n",j);
}
```

【程序 3】

```
#include < stdio.h >
main()
{
    int i,x()[3] = {1,2,3,4,5,6,7,8,9};
    for(i=0;i<3;i++)
        printf("%d,",x[i][2 - i]);
}
```

【程序 4】

```
#include < stdio.h >
main()
{
    int a[3][3] = {{1,2},{3,4},{5,6}},i,j,s = 0;
    for(i=1;i<3;i++)
        for(j=0;j<3;j++)
            s += a[i][j];
    printf("%d\n",s);
}
```

【程序 5】

```
#include < stdio.h >
main()
{
    int num[4][4] = {{1,2,3,4},{5,6,7,8},{9,10,11,12},{13,14,15,
16}},i,j;
    for(i=0;i<4;i++)
    {
        for(j=1;j<=i;j++)    printf("%4c",' ');
        for(j=i;j<4;j++)     printf("%4d",num[i][j]);
        printf("\n");
    }
}
```

【程序6】

```
#include<stdio.h>
main()
{
    char s()="abcdef";
    s[3]='\0';
    printf("%s\n",s);
}
```

【程序7】

```
#include<stdio.h>
main()
{
    char x[]="programming";
    char y[]="Fortran";
    int i=0;
    while(x[i]!='\0'&&y[i]!='\0')
        if(x[i]==y[i])
            printf("%c",x[i++]);
        else
            i++;
}
```

【程序8】

```
#include<stdio.h>
#include<string.h>
main()
{
    char a()={'A','','B','o','o','k','\0'};
    int i,j;
    i=sizeof(a);/*提示:sizeof(a)计算的是系统为数组a所分配的空间大小*/
    j=strlen(a);
    printf("%d,%d\n",i,j);
}
```

6-2　填空题。

（1）以下程序实现的是在有序数列中（由小到大）插入一个数，结果仍为一有序数列。

```c
#include <stdio.h>
#define N 10
main()
{
    int a[N]={2,4,7,9,13,14,16,20,23},i,k,x;
    printf("请输入要插入的数:");
    scanf("%d",&x);
    k=0;
    while(x>a[k]&&k<N-1)
        _____;    /*继续取数组中的下一个数*/
    for(i=N-2;i>=k;i--)
        _____;    /*插入位置及其以后的元素向后移动*/
        _____;    /*插入数据*/
    printf("插入数后的序列为:\n");
    for(i=0;i<N;i++)
        printf("%d\t",a[i]);
}
```

（2）下列程序的功能是删除字符串 str 中所有的数字字符。请填空。

```c
#include "stdio.h"
main()
{
    char str[20];
    int i=0,n;
    gets(str);
    while(str[i]!='\0')
    {
        if(_____)    /*判断是否为数字字符*/
        { n=i;
          while(str[n]!='\0')
          {_____;n++;}    /*删除数字字符*/
        }
        else i++;
    }
    puts(str);
}
```

6-3　编程题。

（1）定义一个大小为 20 的一维数组，使其元素的值依次为奇数 1、3、5、7、9、11、…，然后按每行 5 个数输出。

（2）定义一个 3×6 的二维数组，元素的值为 0 和 50 之间的随机数，输出其中的最小值及其所在的位置（即行、列下标）。

（3）从键盘输入一个字符串，将该字符串中的所有数字字符替换成"＊"并输出。

（4）调用随机函数 rand( )生成 5×5 的二维数组元素，然后把数组的周边元素均置为 0，要求分别输出前后两个二维数组。比如，某次程序的运行结果如图 6－30 所示。

图 6－30　习题 6－3 图

习题 6－3（1）　习题 6－3（2）　习题 6－3（3）　习题 6－3（4）

参考答案　　　参考答案　　　参考答案　　　参考答案

# 第7章

## 函数及其应用

**【本章知识要点思维导图】**

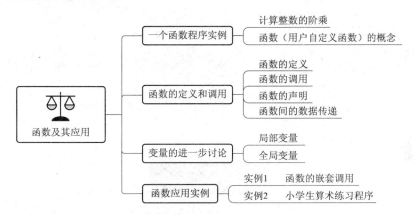

**【学习目标】**

通过本章的学习，你将能够：

◇了解 C 语言中函数的概念及函数类型；

◇掌握函数的定义、调用及声明方法；

◇掌握函数间参数的传递方法；

◇会使用函数解决实际问题；

◇领会模块化程序设计思想。

**【学习内容】**

函数的定义、调用及声明，函数间参数的传递方法，模块化程序设计方法。

## 7.1　一个函数程序实例

前面章节介绍的所有程序都是由一个主函数 main( )组成的，程序的所有操作都是在 main( )函数中完成的。在设计 C 语言程序时，程序除了必须包含一个主函数 main( )外，还可以有若干其他函数。

【例7-1】用调用函数的方式计算整数的阶乘。

【程序代码】

```
#include "stdio.h"
long fac(int n)     /* fac( )是自定义函数,用于计算 n 的阶乘*/
{
    int i;
```

```
    long f=1;
    for(i=1;i<=n;i++)
    f=f*i;
    return(f);/*返回函数值*/
}
main()/*主函数*/
{
    int n;
    long m;
    printf("input n: ");
    scanf("%d",&n);
    m=fac(n); /*调用函数 fac()*/
    printf("%d!=%ld\n",n,m);
}
```

程序的输出结果如图7-1所示。

图7-1 【例7-1】的输出结果

【程序说明】

（1）函数是构成程序的基本单位。该例中出现了3种函数：主函数 main()、库函数 printf()和 scanf()以及用户自定义的函数 fac()。

（2）主函数 main()。主函数 main()是整个程序的入口，程序从主函数开始执行，也要在主函数中结束执行。本程序的执行过程如图7-2所示。

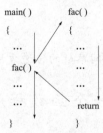

图7-2 【例7-1】程序的执行过程示意

（3）库函数（标准函数）。库函数由系统提供，用户只需在程序中根据需要引用，而无须自己编写。C语言提供了丰富的库函数，并根据它们的功能分门别类，每一类库函数都集中在一个头文件中加以说明。当用户使用某个库函数时，在程序中必须包含相应的头文件，如：#include "stdio.h"。

（4）函数（自定义函数）。用户在设计程序时，可根据需要将完成某一特定功能的相对独立的程序段定义为一个函数，这就是用户自定义的函数，比如本例中的 fac()函数。函数一旦定义好，就可以像标准函数一样使用。

（5）C语言程序的结构。一个C语言程序可由一个 main()函数和若干其他函数构成，

main( )函数可以调用其他任何函数，其他函数之间也可以相互调用，但不能调用 main( )
函数，main( )函数是系统调用的。C 语言程序的结构及函数之间的调用关系如图 7 - 3
所示。

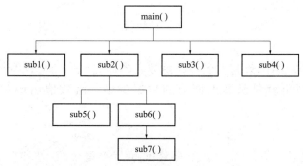

**图 7 - 3　C 语言程序的结构示意**

在 C 语言中，函数是实现程序模块化的必要手段。合理地编写函数，可以简化程序模块的结构，提高程序的可读性，减少重复编码的工作量，更重要的是可以多人共同编制一个大程序，缩短程序设计周期，提高程序设计和调试的效率，这就是模块化程序设计的主要思想。

　　提示：C 语言程序的执行是从 main( )函数开始的，在 main( )函数中可以调用其他函数，调用结束后返回到 main( )函数，在 main( )函数中结束整个程序的运行。

本章主要介绍函数（自定义函数）的定义和使用方法，进而使读者了解采用模块化思想设计程序的方法。

## 7.2　函数的定义和调用

### 7.2.1　函数的定义

函数是一段功能相对独立、可以重复调用的程序段。在 C 语言中，函数是 C 语言源程序的基本组成单位。函数必须先定义然后才能使用。所谓函数定义，就是编写完成函数功能的程序段。

函数定义的一般形式为：

函数值类型 函数名（形参列表）　　／＊函数首部＊／
｛　　　　　　　　　　　　　　　　　／＊以下为函数体＊／
　　　语句 1
　　　语句 2
　　　……
　　　return（返回值）；
｝

例如，下面是一个计算三角形面积的函数：

float area(float a,float b,float c)　　／＊函数首部＊／
｛　　　　　　　　　　　　　　　　　／＊函数体开始＊／

```
        float h, s;
        h = 0.5 * (a + b + c);
        s = (sqrt(h * (h - a) * (h - b) * (h - c)));
        return(s);
    }                              /* 函数体结束 */
```

其中：

（1）函数名为用户给函数起的名字，函数名的命名规则与标识符相同。

（2）函数值类型也就是函数返回值的数据类型，函数值由函数体内的 return 语句提供。

> 提示：
>
> （1）函数值类型默认为 int 型。当函数值为 int 型时，可以省略不写。
>
> （2）当函数没有返回值时，可定义其类型为 void。

（3）形参均为变量，在函数首部要指明其类型。形参列表的一般形式为：

类型 形参1，类型 形参2，……

另外，函数首部也可以分两行书写，比如上面 area( ) 函数的首部也可以写成：

float area(a, b, c)

float a, b, c

（4）函数可以没有参数，没有参数的函数称为无参函数。主函数 main( ) 就是一个无参函数。

（5）return 语句有两个功能：一是使程序流程返回调用函数，宣告函数的一次执行结束；二是把函数值带回调用位置处。

注意：return 语句返回的函数值的类型与函数首部定义的函数值类型应该一致，否则会出现错误。

> 提示：定义函数时，有以下几点需要注意：
>
> （1）确定函数的类型；
>
> （2）给函数取一个名字；
>
> （3）设计函数的形式参数；
>
> （4）对函数中使用的变量进行定义；
>
> （5）对函数的执行部分进行描述。

---

**小测验**

定义一个函数 myfun(int n)，用它来输出一行 n 个 "*" 字符。

---

### 7.2.2 函数的调用

在 C 语言程序中，除了主函数 main( ) 外，任何一个函数都不能独立地在程序中存在。函数的执行都是通过被调用实现的。

函数调用的一般形式如下：

函数名(实参列表)

例如：area(x,y,z)

其中：

（1）实参从形式上可以是常量、变量或表达式，不论是哪种形式，其值必须确定。

（2）实参与形参在个数、类型及位置上都必须一一对应，这称为虚实结合，形参从实参得到值。

（3）对于无参函数，实参列表为空，但函数名后的圆括号必须有。

【例 7-2】用函数调用的方式计算三角形的面积。

【程序代码】

```c
#include "stdio.h"
#include "math.h"
float area(float a, float b, float c)/*定义函数*/
{
    float h, s;
    h = 0.5 * (a + b + c);
    s = (sqrt(h * (h - a) * (h - b) * (h - c)));
    return(s);
}
main()
{
    float x, y, z, sf;
    printf("请输入三边：");
    scanf("%f,%f,%f", &x, &y, &z);
    sf = area(x,y,z);                /*调用函数*/
    printf("三边为%5.2f，%5.2f，%5.2f的三角形面积等于%5.2f\n",x,y,z,sf);
}
```

程序的输出结果如图 7-4 所示。

```
请输入三边：3,4,5
三边为 3.00，4.00，5.00的三角形面积等于 6.00
```

图 7-4 【例 7-2】的输出结果

程序说明：

本例中面积的计算专门由函数 area() 完成，主函数作为主调函数，进行数据的输入、函数调用及数据输出工作，程序结构清晰，可读性好。

调用函数时，主调函数和被调函数之间有数据的传递，即实参传递值给形参。在【例 7-2】中，在调用函数 area() 时，main() 将实际参数 x、y、x 的值分别传递给形式参数 a、b、c，函数 area() 执行完后，通过 return 语句返回 s 的值给主函数中的调用点，赋值给变量 sf，完成函数的调用。其过程如图 7-5 所示。

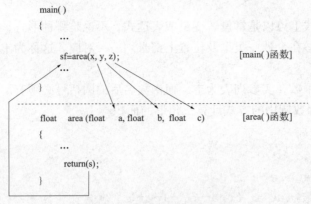

图 7－5　函数调用过程示意

**提示：**

（1）形参是虚拟变量，在函数未调用时并不占内存的存储单元，只有在发生函数调用时，函数中的形参才被分配到内存单元，在调用结束后，形参所占的内存单元即被释放。

（2）实参可以是常量、变量或表达式，但要求它们有确定的值。

（3）函数调用时，实参与形参在个数、顺序、类型上要一一对应。

【例 7－3】无参函数实例

【程序代码】

```c
#include "stdio.h"
void welcome()       /*无参函数定义*/
{
    printf(" ******************************** \n");
    printf(" welcome to use the software \n");
    printf(" ******************************** \n\n");
}
main()
{
    welcome();      /*无参函数调用*/
}
```

程序的输出结果如图 7－6 所示。

```
********************************
Welcome to use the software
********************************
```

图 7－6　【例 7－3】的输出结果

在调用无参函数时，主调函数不需要将数据传递给无参函数。

【例 7－4】输出 3 个数中的最大数。

```c
#include "stdio.h"
int mymax(int x, int y)/*函数定义*/
```

```
{
    int z;
    z = x > y? x:y;
    return z;
}
void main()
{
    int a,b,c,max;
    printf("enter a,b,c:");
    scanf("%d,%d,%d",&a,&b,&c);
    max = mymax(mymax(a,b),c);/*函数嵌套调用*/
    printf("max = %d \n \n",max);
}
```

程序的输出结果如图 7 - 7 所示。

```
enter a,b,c:6,4,9
max=9
```

图 7 - 7  【例 7 - 4】的输出结果

程序说明：

程序中函数 mymax( ) 的功能是从两个数中返回较大数。为了使用函数 mymax( ) 找出 3 个数中的最大数，程序采用了 2 次调用，即先调用函数 mymax( ) 找出 2 个数中的最大数，然后再用这个最大数和第 3 个数作比较，调用函数 mymax( ) 找出最大数。

**提示：**函数调用时，其执行过程包含以下环节：
(1)流程转向被调函数；
(2)为形参和被调函数体中定义的变量分配空间；
(3)将实参的值传给形参；
(4)执行被调函数；
(5)返回调用的位置，且收回为被调函数分配的空间。

**小测验**
编写程序，调用函数 myfun(int n) 输出一行"＊"，其中"＊"的个数由键盘提供。

### 7.2.3  函数的声明

函数的使用原则是先定义后使用，也就是说，函数的定义位置原则上应出现在函数调用位置之前，【例 7 - 1】和【例 7 - 2】遵循的就是这个原则。但是，如果在调用函数前对被调函数进行声明，那么调用函数和被调函数的位置就可以随意安排。

函数声明方法如下：

函数值类型 函数名（形参列表）；

【例 7 - 2】中函数位置若按以下形式安排，程序也能正常执行。

```
#include "stdio.h"
#include "math.h"
float area(float a, float b, float c);      /*函数声明*/
main()
{
    float x, y, z,sf;
    printf("请输入三边: ");
    scanf("%f,%f,%f",&x,&y,&z);
    sf = area(x,y,z);                /*调用函数*/
    printf("三边为%5.2f,%5.2f,%5.2f 的三角形面积等于%5.2f\n",x,y,
z,sf);
}
float area(float a, float b, float c)     /*定义函数*/
{
    float h, s;
    h = 0.5 * (a + b + c);
    s = (sqrt(h * (h - a) * (h - b) * (h - c)));
    return(s);
}
```

**提示：**

(1)函数声明与函数定义的区别在于,函数声明是通过语句来完成的,没有函数体,作用类似变量说明。

(2)当函数值类型是默认类型(int 型)时,不论被调函数与调用函数的位置如何安排,函数声明都可以忽略,但是能够坚持函数声明是一个好的编程习惯。

### 7.2.4　函数间的数据传递

函数是用来实现具体功能的模块，所以它必然要和程序中的其他模块交换数据。一个函数可以从函数之外获得数据，并可以向其调用者返回数据，这些数据主要是通过函数的参数和函数的返回值来传递的。

C语言中，常见的参数传递方式有两种：值传递和地址传递。本节介绍值传递方式，地址传递将在第9章介绍。

值传递的特点是函数调用时实参仅将其值赋给形参。当实参为变量时，实参变量和形参变量在存储空间上是分开的，因此函数中对形参变量值的任何修改都不会影响相应的实参变量，前面介绍的实例中均采用这种方式进行参数传递。

【例7-5】交换变量 a 和变量 b 的值。

【程序代码】

```
#include "stdio.h"
void swap(int x, int y);        /*函数声明*/
void main()                     /*主函数*/
```

```
{
    int a =10,b =20;
    printf("a =%d,b =%d\n",a,b);
    swap(a,b);
    printf("a =%d,b =%d\n\n",a,b);
}
void swap(int x, int y)          /* swap()函数 */
{
    int z;
    z =x;x =y;y =z;                /*交换两个参数变量的值*/
    printf("x =%d,y =%d\n",x,y);
}
```

程序的输出结果如图 7 - 8 的所示。

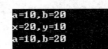

图 7 - 8　【例 7 - 5】的输出结果

程序说明：

从上面程序的输出结果来看，虽然函数 swap( ) 的功能是交换两个变量的值，但是程序最终并没能完成变量 a 和变量 b 的值互换，为什么呢？究其原因，就是 main( ) 函数与 swap( ) 函数之间采用的是参数值传递方式。

提示：值传递方式的特点是单项数据传递，即只把实参的值传递给形参，形参值的任何变化都不会影响实参。

值传递方式的好处是减少了调用函数和被调函数之间的数据依赖，增强了函数自身的独立性。

# 7.3　变量的进一步讨论

一个变量在程序中的哪个函数中都能使用吗？答案是否定的。

根据变量在程序中的使用范围，可以将变量分为局部变量和全局变量。

局部变量又称为内部变量，是指在函数内部定义的变量，其有效范围仅限于本函数内部。

全局变量又称为外部变量，是指在函数外部定义的变量。其有效范围从定义变量的位置开始直到程序结束。

【例 7 - 6】局部变量和全局变量的使用。

【程序代码】

```
#include "stdio.h"
int x;                      /*定义 x 为全局变量*/
int fun1(int x)             /*形参 x 为局部变量*/
```

```
    {
        return x*x;
    }
    int fun2(int y)
    {
        int x;                    /*函数内部定义x为局部变量*/
        x=y +5;
        return x*x;
    }
    main()
    {
        x =0;                     /*给全局变量x赋值*/
        printf("The result in fun1:%d\n",fun1(5));
        printf("The result in fun2:%d\n",fun2(5));
        printf("x =%d\n",x);    /*输出全局变量x*/
    }
```

程序的输出结果如图7-9所示。

```
The result in fun1:25
The result in fun2:100
x=0
```

图7-9  【例7-6】的输出结果

程序说明：

本例中有3个变量x，一个是全局变量x，一个是函数fun1()的形参x，第3个是在函数fun2()中定义的局部变量x，它们3个虽然同名，却是不同的对象。虽然全局变量的有效范围是整个程序，但是在局部变量的作用范围内，同名全局变量暂时不起作用。

提示：

（1）不同函数中可以定义同名变量,因为它们的作用域不同,程序运行时在内存中占据不同的存储单元,各自代表不同的对象,所以它们互不干扰,即同名、不同作用域的变量是不同的变量。

（2）为了使程序清晰易读,程序中不同用途的变量最好不要使用相同的变量名,以免造成混乱。

程序中不论是形参x还是局部变量x，都是在函数执行时为其分配存储单元，一旦函数执行结束，其所占内存空间即刻释放，也就是说它们的生存期仅限于函数执行期间，这种变量属于动态存储变量。

【例7-7】输出1到n之间各数的阶乘。

【程序代码】

```
#include "stdio.h"
long fun( int i)
```

```
{
    long f=1;/*定义 f 为局部变量并赋初值1*/
    f=f*i;
    return f;
}
main()
{
    int n,m;
    printf("please enter n:");
    scanf("%d",&n);
    for(m=1;m<=n;m++)
        printf("%d!=%ld\n",m,fun(m));
    printf("\n");
}
```

执行程序时，从键盘输入 5，则程序的输出结果如图 7-10 所示。

显然，程序的输出结果并不是期望的阶乘，为什么呢？原因是函数 fun( )中存放乘积的局部变量 f 为动态存储变量，每次调用函数 fun( )时，变量 f 都要被重新定义并赋初值 1，结果自然得不到正确的阶乘了。

那么为了得到希望的结果，可以对函数 fun( )稍作修改，就是把变量 f 定义为静态变量。

静态变量的生存期是整个程序执行期间，而且是在编译时分配存储空间并赋一次初值，程序运行后不再重复定义和赋初值，在程序运行结束时才被释放。

上面程序的其他部分不变，只在变量定义语句"long f=1;"前加上关键字 static 即可。

```
long fun(int i)
{
    static long f =1;   /*定义 f 为静态局部变量*/
    f =f*i;
    return f;
}
```

执行程序时，仍然从键盘输入 5，则程序的输出结果如图 7-11 所示。

图 7-10 【例 7-7】的输出结果 (1)    图 7-11 【例 7-7】的输出结果 (2)

函数调用过程中，静态局部变量可以保留值，以便下次进入函数后继续使用。

---

**小测验**

比较程序1和程序2的区别，写出运行结果。

程序1：
```c
#include "stdio. h"
f( int a)
{
    int b =0;
    b = b +1;
    return( a + b);
}
main( )
{
    int a =2,i;
    for( i =0;i <3;i ++ )
        printf(" %d ",f( a));
}
```

程序2：
```c
#include "stdio. h"
f( int a)
{
    static int b =0;
    b = b +1;
    return( a + b);
}
main( )
{
    int a =2,i;
    for( i =0;i <3;i ++ )
        printf(" %d ",f( a));
}
```

---

**提示：**

局部变量(未加 static 说明的)属于动态存储方式,在程序运行期间根据需要动态分配存储空间;静态局部变量(加 static 说明的)和全局变量属于静态存储方式,在程序运行期间分配固定的存储空间。

## 7.4 函数应用实例

【例 7 −8】函数的嵌套调用。

【程序代码】

```c
#include "stdio.h"
int sub1(int);     /*函数声明*/
int sub2(int);     /*函数声明*/
main( )
{
    int n =3;
    printf(" \n%d \n",sub1(n));     /*函数调用*/
}

    int sub1( int n)     /*函数定义*/
{
    int i,a =0;
    for( i=n;i>0;i--)
      a += sub2( i);     /*函数调用*/
```

```
        return(a);
    }
int sub2(int n)      /*函数定义*/
    {
        return(n+1);
    }
```

程序说明：

程序中有 3 个函数：1 个 main( ) 函数和 2 个自定义函数。程序执行时，主函数调用 sub1( ) 函数，sub1( ) 函数又调用 sub2( ) 函数，sub2( ) 函数执行完后会返回 sub1( ) 函数，sub1( ) 函数会返回主函数。这种多层调用的关系称为函数的嵌套调用。图 7-12 所示是函数嵌套调用示意。

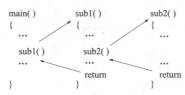

**图 7-12  函数嵌套调用示意**

**提示：**

在 C 语言中，所有函数都是分别定义、相互独立的，即不能嵌套定义，非主函数之间可以相互调用，也可以嵌套调用。嵌套调用时，逐层调用再逐层返回。

**小测验**

【例 7-8】的输出结果为 _____。

【例 7-9】函数的递归调用。

【程序代码】

```
#include "stdio.h"
int age(int n)
    {
        int a;
        if(n==1)a=10;
        else a=age(n-1)+2;      /*递归调用*/
        return(a) ;
    }
main()
    {
        printf("age=%d\n",age(5) );
    }
```

程序说明：

程序中主函数 main( ) 调用了函数 age( )，而函数 age( ) 在变量 n 不等于 1 时，又调用了 age( )函数自己，这种调用的关系就叫函数的递归调用。图 7 – 13 给出了 age( )函数的递归过程。

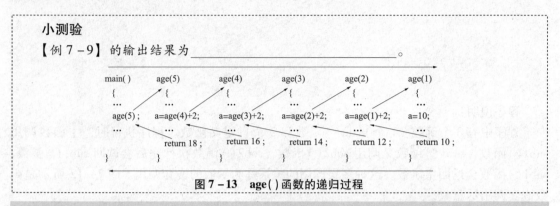

**小测验**

【例 7 – 9】的输出结果为 _____。

图 7 – 13　age( )函数的递归过程

**提示：**

递归调用是函数自身调用自身。一个问题能用递归方法解决，必须符合两个条件：(1)可以将一个问题不断转换为具有同样解法的规模较小的问题；(2)必须有明确的结束条件。

【例 7 – 10】算术练习程序。让计算机给小学生出 10 道简单的算术题（两位整数范围内，由随机函数 rand( )产生），学生输入答案后，计算机会自动判定答案是否正确，最后输出学生的得分（每道题 10 分）。算术题有加、减、乘、除 4 种。

【编程思路】

本题采用模块化程序设计方法。模块化设计是指把一个复杂的问题按功能或层次划分成若干功能相对独立的模块，即把一个大的任务分解成若干子任务，每个子任务对应一个或多个子程序，然后把这些子程序有机组合成一个完整的程序。在 C 语言中，每个子程序的作用是由函数完成的。

本题中的 4 种运算在 4 个子程序（函数）中完成，main( )函数为主控程序，根据用户的选择来调用相应的函数，实现相应的算术练习。其程序模块结构如图 7 – 14 所示。

图 7 – 14　算术练习程序模块化结构示意

【程序代码】

```c
#include "stdio.h"
#include "time.h"
#include "stdlib.h"
void fun1();        /* 函数声明 */
void fun2();        /* 函数声明 */
void fun3();        /* 函数声明 */
void fun4();        /* 函数声明 */
main()              /* 主控函数,显示菜单 */
```

```
{
    int n;
    while(1)
    {printf(" \n ============== 算术练习程序 ============== \n");
     printf(" \n          1. 加法              \n");
     printf(" \n          2. 减法              \n");
     printf(" \n          3. 乘法              \n");
     printf(" \n          4. 除法              \n");
     printf(" \n          0. 退出              \n");
     printf(" \n ===================================== \n");
     printf("          请选择(0 - 4): ");
     scanf("%d",&n);
     switch(n)/* 根据选择调用相应的函数 */
     {case 1: fun1();break;
      case 2: fun2();break;
      case 3: fun3();break;
      case 4: fun4();break;
      case 0: exit(0);/* 函数 exit(0)用于正常退出程序 */
     }
    }
}
void fun1()          /* 加法函数 */
{
    int i,a,b,m,k = 0;
    for(i=0;i<10;i++)
    {
       a =10+ rand()%90;
       b =10+ rand()%90;
       printf("%d + %d = ",a,b);
       scanf("%d",&m);
       if(m == (a + b)) k+=10;
    }
    printf("你的得分是:%d \n",k);
}
  void fun2()/* 减法函数 */

  {
     int i,a,b,m,k = 0;
     for(i=0;i<10;i++)
```

```
    {
        a =10 + rand( )%90;
        b =10 + rand( )%90;
        printf("%d - %d = ",a,b);
        scanf("%d",&m);
        if(m ==(a - b)) k+=10;
    }
    printf("你的得分是:%d \n",k);
}
void fun3()/* 乘法函数 */
{
    int i,a,b,m,k =0;
    for(i=0;i<10;i++)
    {
        a =10+rand( )%90;
        b =10+rand( )%90;
        printf("%d * %d = ",a,b);
        scanf("%d",&m);
        if(m ==(a * b)) k+=10;
    }
    printf("你的得分是:%d \n",k);
}
void fun4()/* 除法函数 */
{
    int i,a,b,m,k =0;
    for(i=0;i<10;i++)
    {
        a =10+rand( )%90;
        b =10+rand( )%90;
        printf("%d/%d = ",a,b);
        scanf("%d",&m);
        if(m ==(a/b)) k+=10;
    }
    printf("你的得分是:%d \n",k);
}
```

程序执行后的主界面如图 7 - 15 所示。

选择 1，做加法练习时，执行过程如图 7 - 16 所示。

选择 3，做乘法练习时，执行过程如图 7 - 17 所示。

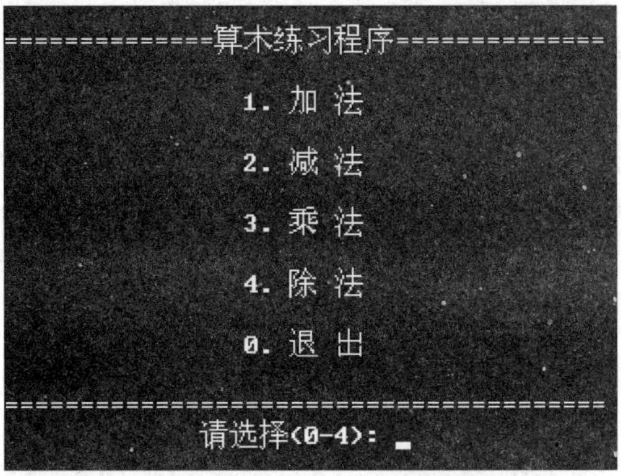

**图 7-15  【例 7-10】的主界面**

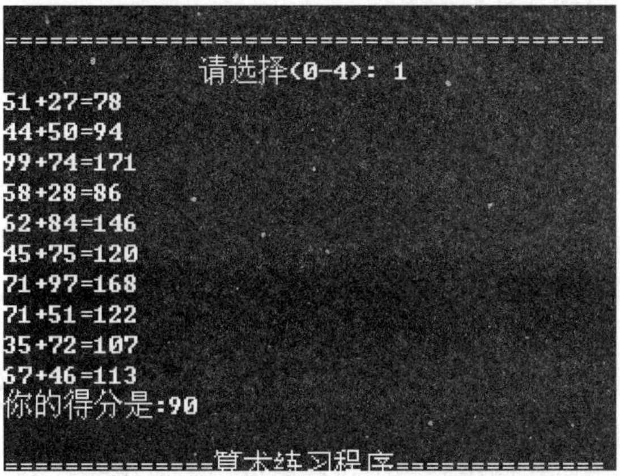

**图 7-16  【例 7-10】的执行过程（1）**

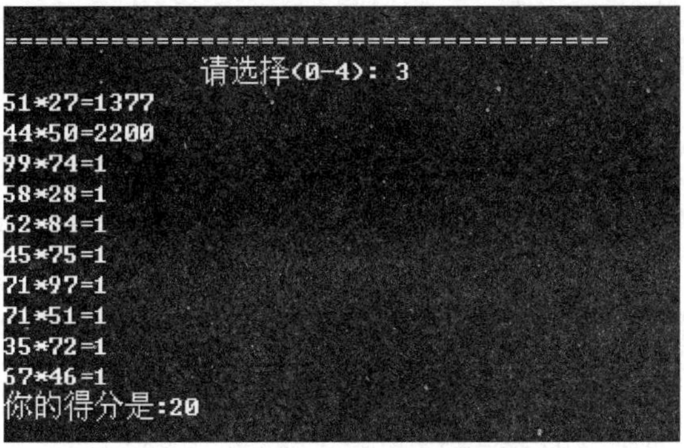

**图 7-17  【例 7-10】的执行过程（2）**

程序说明：

本程序由一个主函数和 4 个函数构成，在主函数中根据用户的选择决定调用哪个函数来完成用户想要的算术练习，4 个函数功能相对独立，互不干扰。因此程序结构清晰，可读性好，并且适合多人分工协作。

提示：

模块化设计的优点：①一个大的程序分成若干个模块，每个模块由一个函数实现，这使程序的设计结构清晰，也便于软件的并行开发；②模块化程序设计解决了代码的重复编写问题，提高了程序的可重用性，从而提高了程序的开发效率；③模块化程序设计提高了程序的可维护性。在C语言中，只要函数参数不变，函数内部代码再次修改不会影响其他函数对它的调用，使修改、维护程序变得更加轻松。

# 7.5 本章小结

通过本章的学习，读者应掌握以下内容：

（1）编程时使用函数的好处有以下几个方面：

①程序结构清晰，可读性好。

②减少重复编码的工作量。

③可多人共同编制一个大程序，缩短程序设计周期，提高程序设计和调试的效率。

因此，可以说掌握好函数的应用是学好C语言的关键之一。

（2）C语言程序的执行是从main()函数开始的，在main()函数中可以调用其他函数，调用结束后返回main()函数，再在main()函数中结束整个程序的执行。

（3）函数的使用原则是先定义后使用，所有函数都是分别定义、相互独立的，不能嵌套定义。

（4）函数定义时要根据实际问题确定函数首部，编写函数体。对初学者来说，定义函数时，如何设置形参是一个难点。可以这样考虑：形参是虚拟变量，它要从调用函数中得值，要根据该函数是否需要从调用函数中接受数据、需要接受几个什么类型的数据，来确定有没有必要设置形参以及设置几个形参。例如，有函数首部为：

float dis( float m1，float m2，float m3 )

其表示将从调用函数中接受3个float类型的数据。

（5）函数调用时，实参与形参的个数应相同，类型应一致。实参与形参按顺序对应，一一传递数据。

（6）函数间数据传递方法有两种：值传递和地址传递。当实参为常量、变量或表达式时均采用单向值传递，形参仅从实参得到值，形参值的变化对实参没有影响。

（7）关于函数的声明，原则上以下两种情况可以不进行函数声明：

①函数定义在前，调用函数在后。

②函数定义在后，但函数的类型是int型。

当调用在前，被调函数定义在后，且被调函数的类型不是int型时，必须对被调函数进行声明。

（8）函数可以嵌套调用。嵌套调用时，注意逐层调用再逐层返回。

（9）递归调用是函数自身调用自身。为避免递归调用无终止地进行，必须在函数内有终止递归调用的条件。

（10）按照变量的作用范围，变量分为局部变量和全局变量；按照变量的生存期，变量分静态存储变量和动态存储变量。

# 7.6  实训

## 实训 1

【实训内容】函数的定义和调用。

【实训目的】掌握函数的定义和调用方法。

【实训题目】

（1）下面的程序希望计算两个数的平均值，写出程序的预期结果，并上机验证。

```c
#include "stdio.h"
double average(int,int);        /*函数声明*/
main()
{
    int a,b;
    double v;
    a=10;b=11;
    v=average(a,b);             /*函数调用*/
    printf("%lf\n",v);
}
double average(int x,int y)     /*函数定义*/
{
    double z;
    z=(x+y)/2;
    return(z);
}
```

（2）下面程序的功能是计算两个圆的周长之差，请把程序补充完整，并上机验证。

```c
#include "stdio.h"
_____;
main()
{
    double r1,r2,len;
    r1=3.3;
    r2=5.5;
    len=_____;
    printf("len=%lf\n",len);
}
double mylen(double r)
{
    double length;
    length=2*3.14159*r;
```

```
                    _____ ;

      }
```

## 实训 2

【实训内容】函数间数据的传递。

【实训目的】掌握单向值传递方法。

【实训题目】分析下面程序的输出结果，并上机验证。

```
#include "stdio.h"
int f(int x,int y,int cp,int dp)
{
    cp = x * x + y * y;
    dp = x + x - y * y;
    return(cp);
    return(dp);
}
main()
{
    int a = 4,b = 3,c = 5,d = 6;
    f(a,b,c,d);
    printf("%d %d\n",c,d);
}
```

## 实训 3

【实训内容】函数的编写。

【实训目的】掌握函数的编写及调用方法。

**第 7 章实训 3
源代码**

【实训题目】函数 prime( )是一个判断整数是否为素数的函数，调用该函数输出 1 000 以内的素数，要求每行输出 10 个数。主函数已经给出，请编写函数 prime( )。

```
int prime(int n)        /* 判断参数 n 是否为素数 */
{

  ...

}
void main()      /* 主函数 */
{
    int n;
    int c = 0;      /* 统计素数的个数，用以控制输出格式 */
    printf("1 000 之间的素数如下:\n");
```

```
    for(n =2;n <=1000;n ++)
      if(prime(n) ==1)      /* 函数调用 */
        { printf("%6d", n);
        c ++;
        if(c%10 ==0) printf("\n");      /* 每行输出 10 个素数 */
        }
  }
```

## 实训 4

【实训内容】变量。
【实训目的】掌握局部变量和静态局部变量的特性。
【实训题目】分析下面程序的输出结果，然后上机调试验证。
【程序 1】

```
#include "stdio.h"
#include "math.h"
void fun1();
void fun2();
void main()
{
    int x =1;
    fun1();
    printf("%d\n",x);
}
void fun1()
{
    int x =2;
    fun2();
    printf("%d\n",x);
}
void fun2()
{
    int x =3;
    printf("%d\n",x);
}
```

【程序 2】

```
#include "stdio.h"
#include "math.h"
void fun();
void main()
```

```
{
    fun();
    fun();
    fun();
}
void fun()
{
    int x = 0;
    x = x + 1;
    printf("%d\n",x);
}
```

【程序3】

```
#include "stdio.h"
#include "math.h"
void fun();
void main()
{
    fun();
    fun();
    fun();
}
void fun()
{
    static int x = 0;x = x + 1;
    printf("%d\n",x);
}
```

# 习 题 7

7-1   C语言的函数可以分为哪几种？各函数之间的关系如何？C语言程序以函数为基本单位有什么好处？

7-2   C语言函数由哪些部分构成？何为形参？何为实参？

7-3   编写完成以下功能的函数：

（1）求两个整数之和，结果也为整型。

（2）求两个整数之积，结果为长整型。

（3）求 3 个整数的最大者。

（4）求 $x^y$。

7-4   分析程序，写出每个程序的输出结果。

(1)【程序 1】

```
#include "stdio.h"
int sum(int);
main()
{
    printf("%d\n",sum(5));
}
int sum(int n)
{
    int i,s=0;
    i=1;
    while(i<n)
    {s=s+i;
      i++;
    }
    return(s);
}
```

(2)【程序 2】

```
#include "stdio.h"
int fun(int x)
{
    int y;
    y=1+1/x;
    return y;
}
void main()
{
    int m;
    m=fun(fun(2));/* 函数的嵌套调用 */
    printf("%d\n",m);
}
```

(3)【程序 3】

```
#include "stdio.h"
void main()
{
    int i;
    int count(int n);
    for(i=1;i<=5;i++)
```

```
        count(i);
 }
 int count(int n)
 {
     int x =0;
     printf("%d:x =%d,",n,x);
     x +=2;
     printf("x+2 =%d\n",x);
 }
```

(4)【程序 4】

```
#include "stdio.h"
int min( int x, int y)
{
     return(x <y?x:y);
}
main()
{
     int a[5] ={55,44,33,22,11},i,m ;
     m =a[0];
     for(i=1;i<5;i++)
       m =min(m,a[i]);
     printf("%d\n", m);
}
```

(5)【程序 5】

```
#include "stdio.h"
void fun()
{
     static int a =0;
     a+=2;
     printf("%4d",a);
}
main()
{
     int b;
     for(b =1;b <=4;b ++)
         fun();
     printf(" \n");
}
```

（6）运行程序时，从键盘输入 5，程序的输出结果是什么？

```c
#include "stdio.h"
long fun(int) ;
main()
{
    int n;long f;
    printf("input n:");
    scanf("%d",&n);
    f = fun(n);
    printf("n = %d,f = %ld \n",n,f);
}
long fun(int n)
{
    long s;
    if(n == 0) s = 1;
    else s = 2 * fun(n - 1);
    return(s);
}
```

7-5　从键盘输入不在同一直线上的 3 个点的坐标值 $(x1，y1)$、$(x2，y2)$、$(x3，y3)$，分别计算由这 3 个点组成的三角形的 3 条边长 a、b、c，并计算三角形的面积。要求编写程序时，调用给定的函数 fun()。

```c
double fun(int x1,int y1,int x2,int y2)
{
    double d;
    d = sqrt((x1 - x2) * (x1 - x2) + (y1 - y2) * (y1 - y2));
    return(d);
}
```

7-6　已知 $C_m^n = \dfrac{m!}{n!(m-n)!}$，n、m 的值由键盘输入，编写程序求此组合数。

习题 7-5
参考答案

习题 7-6
参考答案

【编程点拨】公式中的阶乘运算出现了 3 次，为了程序结构简洁，避免代码重复出现，需要编写计算阶乘的函数，然后在主函数中调用 3 次。本题中 n、m 的值、阶乘函数的调用、组合数的计算和输出都在主函数中完成。

# 第8章

## 指针及其应用

【本章知识要点思维导图】

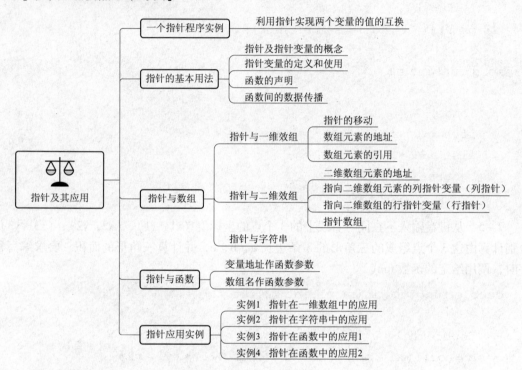

【学习目标】

通过本章的学习，你将能够：

◇理解指针与地址的关系；

◇掌握指针变量的定义及使用方法；

◇掌握指针的简单运算；

◇运用指针指向数组并设计程序；

◇运用指针指向函数并设计程序；

◇运用指针指向字符串并设计程序。

【学习内容】

指针、指针变量的概念，指针变量的定义及使用，指针与一维数组，指针与二维数组，指针与字符串，指针与函数。

# 8.1 一个指针程序实例

指针是 C 语言中广泛使用的一种数据类型，运用指针编程是 C 语言最主要的风格之一。利用指针变量可以表示各种数据结构，能很方便地使用数组和字符串，并能像汇编语言一样处理内存地址，进行变量的间接访问。那什么是指针？如何使用指针？在学习指针之前，先看一个简单的例子。

【例 8-1】设变量 a = 2，b = 5，编写程序，实现两个变量值的互换。

交换两个变量值时，通常采取的方法是借助第三个变量进行周转，见【例 3-5】。本例利用指针和指针变量来解决这个问题，给出了不同的变量访问方法。

【程序代码】

```c
#include <stdio.h>
main()
{
    int a = 2, * pa;
    int b = 5, * pb;
    int t;
    printf("交换前:a = %d,b = %d \n",a,b);
    pa = &a; pb = &b;
    t = * pa; a = * pb; b = t;
    printf("交换后:a = %d,b = %d \n",a,b);
}
```

程序的输出结果如图 8-1 所示。

```
交换前：a=2, b=5
交换后：a=5, b=2
```

图 8-1 【例 8-1】的输出结果

本程序借助 C 语言的指针和指针变量完成了变量 a 和变量 b 的值的互换。本章将详细进行介绍什么是指针，什么是指针变量。

# 8.2 指针的基本用法

## 8.2.1 指针和指针变量的概念

程序在执行时，数据都是存放在内存中的。计算机的内存是以字节为单位的一片连续的存储空间。为了便于管理，系统按顺序为每个字节单元进行编号，这个编号称为内存单元地址。

若在程序中定义一个变量，当运行程序时，系统就会根据该变量的类型为变量在内存中分配若干字节的存储单元，比如，int 型变量分配 4 个字节，float 型变量分配 4 个字节，char 型变量分配 1 个字节，同时还会记录变量的名称、变量的数据类型和变量的地址。对占有多个存储单元的变量，其地址是指占有存储单元的起始地址。

C语言中，变量名是变量的符号地址，因此程序中通常是通过变量名对变量进行访问的，而变量名与内存单元物理地址之间的联系由系统自动建立。

例如，有下面的定义语句：

short int a = 10;

float x = 3.45;

char ch;

假如编译系统为变量a、x、c分配的内存单元地址如图8 - 2所示，那么系统记录下来的变量与其物理地址对照见表8 - 1。

表8 - 1　变量与地址对照表

| 变量名 | 数据类型 | 地址 |
|---|---|---|
| a | short | 2001H |
| x | float | 2101H |
| c | char | 2201H |

在程序中，在对变量进行访问时，实质上是通过变量与地址对照表，先根据变量名查取变量的地址，再根据变量的数据类型从对应地址单元中读取或存入数据。这种通过变量名访问存储单元的方式称为变量的"直接访问"。

由于单元地址唯一地指向存储单元，就像一个指向对象的指针，因此C语言将存储单元地址形象地称为"指针"。所谓指针，就是内存单元地址，它指向一个内存单元。一个变量的地址就是该变量的指针。

在图8 - 2中，变量a占用地址为2001H和2002H两个内存单元，起始地址2001H成为变量a的地址，也称为变量a的指针。

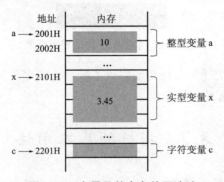

图8 - 2　变量及其内存单元地址

提示：由于变量的存储位置是编译系统分配的，用户不能改变变量的存储位置，所以变量的地址是个固定值，为地址常量。因此，变量的指针也是地址常量。

前面学习的变量，都是用来存放基本类型数据的，如存放整数或实数等，这些变量称为简单变量。在C语言中，还可以定义一种特殊的变量，这种变量专门用来存放另一个变量的地址（即指针），称为指针变量。

假如把整型变量 a 的地址赋给另一个变量 p，此时，p 应为整型指针变量。如果要访问变量 a 的存储单元，则可以先从指针变量 p 的内存单元中得到变量 a 的地址，然后根据变量 a 的地址找到变量 a 的存储单元，这种变量的访问方式称为变量的"间接访问"。变量 a 与指针变量 p 之间的关系如图 8 – 3 所示。

图 8 – 3　指针变量 p 指向 a

本章主要介绍变量的间接访问。

### 8.2.2　指针变量的定义和使用

1. 指针变量的定义

任何变量在使用前都必须定义，指针变量也一样。指针变量的一般定义形式为：

基类型名　*指针变量名；

例如：int *p1，*p2；

说明：

（1）定义了两个指针变量，变量名为 p1 和 p2，这两个变量只能用来存放地址。

（2）"*"是一个说明符，用来说明定义的是指针变量，定义指针变量时必须有。

（3）基类型表示指针变量所指向的变量的类型，也就是说，p1、p2 中只能存放整型变量的地址。

2. 指针变量的使用

1）运算符"&"和"*"

运算符"&"为取地址运算符，后跟一个变量，表示取变量的地址。比如，&a 表示变量 a 的地址。

运算符"*"为间接访问运算符，后跟一个指针变量，表示取这个指针变量所指向的变量的值。

2）指针变量的赋值

通过给指针变量赋地址值，可以让指针变量指向某个变量。例如有以下定义和语句：

int a，b，*pa，*pb；

pa = &a；　　/*指针变量 pa 指向变量 a*/

pb = &b；　　/*指针变量 pb 指向变量 b*/

下面的定义和语句是错误的：

float x；

int *p；

p = &x；

其错误原因是 x 的类型和 p 的基类型不一致。

> 提示：指针变量所定义的类型应与所指向的变量类型一致。一个指针变量只能指向同类型的一个变量，不能指向其他类型的变量。

3）通过指针变量引用变量

例如，有以下定义和语句：

int i, j, ∗ p;

p = &i;

∗p = 10;　　/∗将10赋给p所指向的变量，即变量i，这等价于赋值语句i = 10；∗/

j = ∗p + 1;　　/∗取指针变量p所指向的存储单元中的值加1后赋给变量j，j的值为11 ∗/

∗p = ∗p + 1;　　/∗取指针变量p所指向的存储单元中的值，加1后再放入p所指向的存储单元中，也就是使变量i的值增1变为11 ∗/

> **小测验**
>
> int a = 11, b = 22, ∗ pa, ∗ pb;
>
> pa = &a;
>
> pb = &b;
>
> 在上面程序段的基础上，执行语句"pa = pb;"和执行语句"∗pa = ∗pb;"有什么不同？

【例8-2】通过指针变量访问整型变量。

【程序代码】

```
#include < stdio.h >
void main()
{
    int i,j,∗pi;      /∗定义整型变量i和j,指针变量pi∗/
    i =10;
    pi =&i;          /∗使指针变量p指向变量i∗/
    j = ∗pi +5;      /∗通过指针变量访问变量i,等价于j =i +5;∗/
    printf("%d\n",i);
    printf("%d,%d\n",∗pi,j);
}
```

程序的运行结果如图8-4所示。

```
10
10,15
```

**图8-4　【例8-2】的运行结果**

【例8-3】从键盘上任意输入3个实数，利用指针的方法将这3个实数按大小进行排序。

【编程思路】

(1) 输入3个实数分别放到变量a、b、c中。

(2) 3个指针变量p1、p2、p3分别指向变量a、b、c。

(3) 比较变量的值，最终使p1指向最大值，使p3指向最小值。

(4) 按顺序输出p1、p2、p3所指向的变量的值。

【程序代码】

```
#include < stdio.h >
void main()
```

```
{
    float a,b,c,*p1,*p2,*p3,*p;
    printf("请输入 3 个实数:");
    scanf("%f,%f,%f",&a,&b,&c);
    p1 = &a;
    p2 = &b;
    p3 = &c;
    if( *p1 < *p2)
        {p = p1;p1 = p2;p2 = p;}
    if( *p1 < *p3)
        {p = p1;p1 = p3;p3 = p;}
    if( *p2 < *p3)
        {p = p2;p2 = p3;p3 = p;}
    printf("%.2f,%.2f,%.2f\n",*p1,*p2,*p3);
}
```

程序的运行结果如图 8 - 5 所示。

```
请输入3个实数:2.4,5.6,6.0
6.00,5.60,2.40
```

图 8 - 5　【例 8 - 3】的运行结果

在该程序的执行过程中，变量 a、b、c 的值始终未变，只是使指针 p1 最终指向值最大的变量，使指针 p3 最终指向值最小的变量。

# 8.3　指针与数组

## 8.3.1　指针与一维数组

### 1. 指针的移动

当指针变量指向一串连续的存储单元（即数组）时，可以对指针变量加上或减去一个整数来进行指针的移动和定位。例如有如下语句：

int a[5] = {10, 20, 30, 40, 50}, *p, *q;
p = &a[0];

指针 p 的指向情况如图 8 - 6（a）所示。在此基础上，随着下面各个语句的执行，指针 p 和 q 的指向会发生相应的变化。

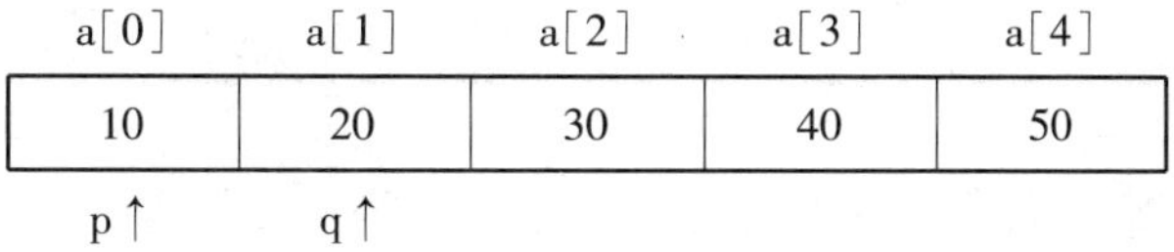

| a[0] | a[1] | a[2] | a[3] | a[4] |
|------|------|------|------|------|
| 10 | 20 | 30 | 40 | 50 |

p↑　　　q↑

（a）

图 8 - 6　指针移动示意

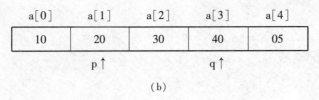

图 8-6 指针移动示意（续）

q = p + 1；　　如图 8-6（a）所示，指针变量 q 指向数组元素 a[1]

q ++；　　　　指针后移，指针变量 q 指向数组元素 a[2]

q += 2；　　　指针变量 q 指向数组元素 a[4]

q --；　　　　指针变量 q 指向数组元素 a[3]

p ++；　　　　指针变量 p 和 q 的指向如图 8-6（b）所示

现在如果有语句"i = *p；j = *q；"，则 i 中的值为 20，j 中的值为 40。若有语句"k = q-p；"，则 k 中的值为 2。表达式 p < q 的值为真，因为当前指针变量 p 中存的地址值小于指针变量 q 中存的地址值。

2. 数组元素的地址

在 C 语言程序中，数组名是数组的首地址，即第 1 个数组元素的地址，该地址是地址常量，因此不能被修改或重新赋值，例如，对数组名 a 来说，"a ++；"或"a = &a[2]；"都是错误的使用方法。

虽然不能对数组名进行赋值，但可以通过数组名来表示数组元素的地址，这也能达到引用数组元素的目的。

例如：int a[10], * p；p = a；

此时指针 p 指向数组 a 的第 1 个元素，如图 8-7 所示。

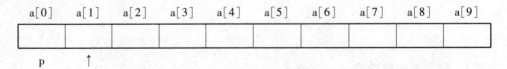

图 8-7 指针 p 指向数组

数组元素地址的几种表示形式见表 8-2。

表 8-2 一维数组元素的地址

| 地址<br>形式 | a[0]地址 | a[1]地址 | a[i]地址 |
|---|---|---|---|
| 通过取地址符 & | &a[0] | &a[1] | &a[i] |
| 通过数组名 a | a | a + 1 | a + i |
| 通过指针变量 p | p | p + 1 | p + i |

**提示：**对指针变量 p 更多的是通过 p ++ 或 p -- 移动定位。

3. 数组元素的引用

针对数组元素地址的不同表示形式，数组元素的引用形式也有多种，具体见表 8-3。

表 8 - 3　一维数组元素的引用

| 地　址<br>形　式 | a[0]地址 | a[1]地址 | a[i]地址 |
|---|---|---|---|
| 通过数组元素名 | a[0] | a[1] | a[i] |
| 通过数组名 a | *a | *(a+1) | *(a+i) |
| 通过指针变量 p | *p | *(p+1) | *(p+i) |
| 下标法 | p[0] | p[1] | p[i] |

下面的语句通过数组名逐个输出数组 a 中各元素的值：

for(i = 0; i < 10; i ++)
　　printf("%5d", *(a+i));

这里首地址 a 始终指向数组元素 a[0]，并没有移动，通过变量 i 值的变化来引用每个元素。

下面的语句通过移动指针来逐个输出数组 a 中各元素的值：

for(p = a; p < a + 10; p ++)
　　printf("%5d", *p);

此语句在执行过程中，指针 p 首先指向元素 a[0]，输出操作输出的是第一个元素的值，执行了 p ++ 后，指针指向元素 a[1]，此时再作输出操作，输出的是第二个元素的值，依次下去，指针会逐个指向每个元素，再输出它们的值。当指针 p 指向最后一个元素后面的存储单元时，循环结束。

【例 8 - 4】有一个数组 score，存放 10 个学生的成绩，求平均成绩，要求通过指针变量来访问数组元素。

【程序代码】

```
#include < stdio.h >
void main()
{
    float score[10], *p, sum = 0, ave;
    printf("请输入 10 个学生成绩:");
    for(p = score; p < score + 10; p ++)
        scanf("%f", p);
    for(p = score; p < score + 10; p ++)
        sum += *p;       /* 取各成绩累加到 sum 中 */
        ave = sum/10;    /* 求平均成绩 */
        printf("平均成绩 = %.2f \n", ave);
}
```

程序的运行结果如图 8 - 8 所示。

请输入10个学生成绩：87 89 99 90 77 67 76 88 96 75
平均成绩 = 84.40

图 8 - 8　【例 8 - 4】的运行结果

【例8-5】使数组中的元素逆序存放（不借助其他数组），要求用指针的方法处理。

【编程思路】

（1）定义两个指针变量p1、p2，使p1指向第一个元素，使p2指向最后一个元素。

（2）将p1、p2所指向的数组元素的值互换，然后使p1指向第二个元素，使p2指向倒数第二个元素，再作上面的互换操作，这样重复下去，直到p1指向p2的后面或p1和p2指向同一元素为止。

【程序代码】

```c
#include <stdio.h>
void main()
{
    int a[10],*p1,*p2,temp;
    printf("请输入10个数:");
    for(p1=a;p1<a+10;p1++)        /*输入一个整数,存放在p1所指的存储单元中*/
        scanf("%d",p1);
    for(p1=a,p2=a+9;p1<p2;p1++,p2--)  /*通过交换首尾对应位置上的值实现逆置*/
    {
        temp=*p1;*p1=*p2;*p2=temp;/*两个指针变量所指向的元素的值互换*/
    }
    printf("逆序后数组的值: ");
    for(p1=a;p1<a+10;p1++)
        printf("%5d",*p1);
    printf("\n");
}
```

程序的运行结果如图8-9所示。

```
请输入10个数: 11 22 33 44 55 66 77 88 99 100
逆序后数组的值:
   100   99   88   77   66   55   44   33   22   11
```

图8-9  【例8-5】的运行结果

### 8.3.2  指针与二维数组

1. 二维数组元素的地址

例如：int a[3][3];

与一维数组名一样，二维数组名a也是数组的首地址。二者的不同之处在于，二维数组名的基类型不是数组元素类型，而是一维数组类型，因此二维数组名a是一个行指针，其指向如图8-10所示。

二维数组a包含3个行元素：a[0]、a[1]和a[2]，而它们又都是一维数组名，因此

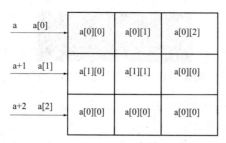

图 8 – 10 二维数组地址示意

也是地址常量，但是它们的基类型与数组元素类型一致。

第 0 行首地址：a[0]

第 1 行首地址：a[1]

第 2 行首地址：a[2]

所以 a[0]+1 是数组元素 a[0][1] 的地址，a[1]+1 是数组元素 a[1][1] 的地址，任意的数组元素 a[i][j] 的地址是 a[i]+j。

二维数组元素的地址表示形式较多，每种表示形式都有对应的数组元素引用方法，比如：

数组元素地址：①&a[i][j]　　②a[i]+j　　③*(a+i)+j

数组元素引用：①a[i][j]　　②*(a[i]+j)　　③*(*(a+i)+j)

2. 指向二维数组元素的列指针变量（列指针）

例如：int a[3][2]，*p；

　　　　p = &a[0][0]；

二维数组在内存中是按行顺序存储的，因此，可以通过对指向数组元素的指针变量进行加减运算来达到引用任意数组元素的目的，其引用方法与引用一维数组元素一样。

【例 8 – 6】用指向数组元素的指针访问数组。

【程序代码】

```
#include <stdio.h>
void main()
{
    int a[3][3]={{1,2,3},{4,5,6},{7,8,9}};
    int *p;
    for(p=a[0];p<a[0]+9;p++) /*最后一个元素的地址是 a[0]+8*/
    {
        if((p-a[0])%3==0)printf("\n");/*换行控制*/
        printf("%5d",*p);
    }
    printf("\n");
}
```

程序的运行结果如图 8 – 11 所示。

a[0] 是数组的第一个元素的地址，且其基类型与指针 p 的基类型一致，都是 int 型，

图8-11 【例8-6】的运行结果

所以用 p = a[0] 使指针 p 指向数组的第一个元素，这个表达式还可用 p = &a[0][0] 代替，同样 a[0] + 8 也等价于 &a[0][0] + 8。

3. 指向二维数组的行指针变量（行指针）

行指针变量就是用来存放行地址的变量，其一般定义形式为：

数据类型名（*指针变量名）[数组长度]；

例如：int( *p)[4];

p 是一个指针变量，它的基类型是一个包含 4 个整型元素的一维数组，因此指针变量 p 可以指向一个有 4 个元素的一维数组。

【例8-7】利用行指针输出二维数组元素的值。

【程序代码】

```c
#include <stdio.h>
void main()
{
    int a[3][3] = {{1,2,3},{4,5,6},{7,8,9}};
    int( *p)[3],j;      /*指针变量 p 为行指针*/
    for(p = a;p < a +3;p ++)
    {
        for(j = 0;j<3;j++)
        printf("%5d",*(*p +j));
        printf("\n");
    }
}
```

程序的运行结果如图8-12所示。

图8-12 【例8-7】的运行结果

在此把数组 a 看成一维数组，它的元素有 a[0]、a[1]、a[2]。由于指针 p 与数组名 a 表示的地址常量的基类型相同，所以可以用 p = a，它使指针 p 指向数组 a 的第一个元素 a[0]，这时 *p 表示 a[0] 的值，即第0行的首地址，如有 *p+1，它表示 a[0][1] 的地址，*(*p+1) 表示数组元素 a[0][1]。p++ 执行一次，指针 p 向后移动一行。

4. 指针数组

有如下定义：

int a[3][4], *p[3];

数组 p 是一个包含 3 个元素的一维数组，它的每个元素都是基类型为 int 的指针，所以称数组 p 为指针数组。p[i] 和 a[i]（0≤i≤3）的基类型相同（都为 int 类型），因此赋值语句 "p[i] = a[i];" 是合法的。比如有以下循环语句：

for（i = 0；i < 3；i ++）

p[i] = a[i]；

该语句执行完后，数组 p 的 3 个元素 p[0]、p[1] 和 p[2] 分别指向数组 a 每行的开头，如图 8 - 13 所示。

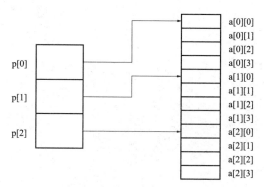

图 8 - 13　指针数组指向示意

此时如果有语句 "printf（"% d,% d"，* p[0]，* (p[0] + 1)）;"，那么输出的是数组元素 a[0][0] 和 a[0][1] 的值。

### 8.3.3　指针与字符串

字符数组通常用来存放字符串，指针指向字符数组也就指向了字符串，因此通过指针可以引用它所指向的字符串。

【例 8 - 8】通过指针引用字符串。

【程序代码】

```
#include < stdio.h >
void main()
{
    char str[] = "BeiJing",*p;
    p = str;                /*指针 p 指针字符串首部 */
    printf("%s\n",p);       /*从字符串首字符开始输出,遇'\0'结束 */
    p += 3;                 /*移动指针 p */
    printf("%s\n",p);       /*从指针 p 所指字符开始输出,遇'\0'结束 */
}
```

程序的运行结果如图 8 - 14 所示。

图 8 - 14　【例 8 - 8】的运行结果

指针先指向字符串首部，从此位置开始输出，直到遇到结束符 '\0' 为止，然后指针向后移动 3 个字符，从串中第 4 个字符开始输出，直到遇到结束符 '\0' 为止。

【例8-9】利用指针实现两个字符串的连接。

【编程思路】

(1) 指针 p 指向第一个串的末尾（最后一个字符后面），指针 q 指向第二个串的首部。

(2) 将第二个串中的字符依次放入第一个串后。

【程序代码】

```
#include < stdio.h >
#include < string.h >
void main()
{
    char str1[20],str2[10],*p,*q;
    printf("请输入两个字符串:");
    gets(str1);
    gets(str2);
    p = str1 + strlen(str1);/*p 指向第一个串的末尾*/
    q = str2;/*q 指向第二个串的首部*/
    while( *q! ='Q')/*如果第二个串未结束,继续执行*/
    {
        *p = *q;
        p++;/*指针 p 向后移动*/
        q++;/*指针 q 向后移动*/
    }
    *p = '\0';/*串末尾加上结束标志*/
    printf("连接后新串为:");
    puts(str1);
}
```

程序的运行结果如图8-15所示。

图8-15　【例8-9】的运行结果

## 8.4　指针与函数

### 8.4.1　变量地址作函数参数

调用函数时，通过函数的参数不仅能够传递普通的值，而且还能传递地址值。当实参为一个地址时，形参必须是一个基类型与它相同的指针变量。

【例 8 - 10】 求两数之和。

【程序代码】

```
#include <stdio.h>
int add(int *x,int *y) /*形参为指针变量*/
{
    int z;
    z = *x + *y;
    return z;
}
void main()
{
    int a,b,sum;
    printf("请输入 2 个整数:");
    scanf("%d%d",&a,&b);
    sum = add(&a,&b); /*实参为变量的地址(即指针)*/
    printf("%d + %d = %d \n",a,b,sum);
}
```

程序的运行结果如图 8 - 16 所示。

**图 8 - 16** 【例 8 - 10】的运行结果

程序分析:

调用 add( )函数时,实参是变量 a、b 的地址,形参是两个指针变量,只有指针变量才能接收地址值。接收完毕,形参指针 x 指向了变量 a,形参指针 y 指向了变量 b,实参变量和形参指针间的关系如图 8 - 17 所示。这样就可以在函数中通过指针变量访问实参变量单元。

**图 8 - 17** 函数间的地址传递

此例中通过传送地址,使形参指针指向了实参变量,这样使在被调函数中通过形参来改变实参的值成为可能。同时,原来只能通过 return 语句返回一个函数值,利用传地址的形式,可以把两个或两个以上的值从被调函数中返回到调用函数。

【例 8 - 11】 调用 swap( )函数,交换主函数中变量 x 和 y 中的数据。

【程序代码】

```
#include <stdio.h>
void swap(int *a,int *b)
```

```
{
    int t;
    t = *a; *a = *b; *b = t;
}
void main()
{
    int x,y;
    printf("请输入2个整数:");
    scanf("%d%d",&x,&y);
    printf("(1)x =%d,y =%d \n",x,y);
    swap(&x,&y);
    printf("(2)x =%d,y =%d \n",x,y);
}
```

程序的运行结果如图8-18所示。

```
请输入2个整数: 10 30
(1)x=10,y=30
(2)x=30,y=10
```

图8-18　【例8-11】的运行结果

小测验

如果将函数改为如下形式，程序还能实现变量x和y的互换吗？
```
void swap (int *a, int *b)
{
    int *t;
    t = a;  a = b;  b = t;
}
```

### 8.4.2　数组名作函数参数

数组名可以用作函数的形参和实参，例如图8-19所示的程序片段用数组名作实参时，是把数组的首地址传送给形参数组，对应的形参数组接收的是实参数组的首地址，这样形参数组与实参数组共占同一段内存区域。数组元素 a[0]与b[0]共占一个存储单元，a[1]与 b[1]共占一个存储单元……。引用形参数组元素的值也就是引用实参数组元素的值，因此形参数组会影响实参数组。

```
void main()                    void f(int b[5], int n)
{                              {
    int a[5];                       ...
        ...                    }
    f(a, 5);
        ...
}
```

图8-19　程序片段

【例8-12】数组名作函数参数。

**【程序代码】**

```
#include <stdio.h>
void add(int a(),int b())/*函数定义*/
{
    int i;
    for(i=0;i<3;i++)
        a[i]=a[i]+b[i];
}
void main()
{
    int x[3]={1,2,3};
    int y[3]={4,5,6};
    int i;
    add(x,y);   /*函数调用,实参为数组名*/
    for(i=0;i<3;i++)
        printf("%4d",x[i]);
}
```

**小测验**

写出上面程序的输出结果。

以上将实参数组和形参数组看成共用存储空间,这样比较形象,读者容易理解。实际上能够接收并存放地址值的只能是指针变量,C编译系统是将形参数组名处理成指针变量。

假设某函数首部为: int add (int a[ ], int b[ ])

在编译时系统会处理为: int fun (int *a, int *b)

调用函数时,指针变量接收从主调函数传递过来的实参数组首地址,这样形参指针指向了实参数组,那么可以通过形参指针去访问实参数组元素。

**提示:**形参数组如果是一维数组,定义时大小可以不指定;如果是二维数组,第一维的大小可以不指定。

**【例 8 - 13】** 在数组中第 k 个数前插入一个数 x。

**【编程思路】**

(1) 函数需要 4 个形参,分别接收:实参数组地址、实参数组大小、k、x。

(2) 函数中的操作:

① 指针指向最后一个元素。

② 从最后一个元素一直到下标为 k - 1 的元素,依次往后移。

③ 将 x 赋给下标为 k - 1 的元素。

【程序代码】

```
#include<stdio.h>
void fun(int *b,int n,int k,int x)
{
    int i;
    for(i=n-1;i>=k-1;i--)    /*从最后一个元素到第k个元素,依次往后移*/
        *(b+i+1)=*(b+i);
    *(b+k-1)=x;    /*将x插入*/
}
void main()
{
    int a[9]={1,2,3,4,5,6,7,8},k,x,i;
    printf("数组原值:");
    for(i=0;i<8;i++)
        printf("%6d",a[i]);
    printf("\n请输入在第几位插入:");
    scanf("%d",&k);
    printf("请输入插入的数据:");
    scanf("%d",&x);
    fun(a,8,k,x);    /*函数调用*/
    printf("插入%d后数组值:",x);
    for(i=0;i<9;i++)
        printf("%6d",a[i]);
    printf("\n");
}
```

程序的运行结果如图8-20所示。

图8-20　【例8-13】的运行结果

因为指针引用数组元素时，可以写成下标形式，因此程序中的语句：

for(i=n-1;i>=k-1;i--)
    *(b+i+1)=*(b+i);
*(b+k-1)=x;

可以改写成下面的形式，这样更清晰、简练：

for(i=n-1;i>=k-1;i--)
    b[i+1]=b[i];
b[k-1]=x;

## 8.5　指针应用实例

【例 8 - 14】利用指针把数组中的奇数存入另一数组中。

【编程思路】

（1）用两个指针 p 和 q 分别指向数组 a 和 b。

（2）通过移动指针逐个取出数组 a 中的每个元素，如果当前元素的值为奇数，则存入数组 b 中。

【程序代码】

```
#include <stdio.h>
void main()
{
    int a[8],b[8],*p,*q,i;
    printf("请给 a 数组中输入 8 个整数: ");
    for(i=0;i<8;i++)
        scanf("%d",&a[i]);
    q=b;                    /*指针 q 指向数组 b*/
    for(p=a;p<a+8;p++)
        if(*p%2!=0)
        {
            *q=*p;          /*如果 p 所指向的是奇数,则存入 b 数组中*/
            q++;            /*指针 q 指向 b 数组中的下一个元素*/
        }
    printf("b 数组中的值为: ");
    for(i=0;i<q-b;i++)/*q 当前指向 b 数组中最后一个数值的后面,q-b
为 b 数组所存数值的个数*/
        printf("%d\t",b[i]);
    printf("\n");
}
```

程序的运行结果如图 8 - 21 所示。

请给 a 数组中输入 8 个整数: 3 6 4 5 8 7 9 2
b 数组中的值为: 3　　　5　　　7　　　9

图 8 - 21　【例 8 - 14】的运行结果

b 数组虽然有 8 个元素，但只有前 4 个元素中有确切的值。

【例 8 - 15】先将在字符串 s 中的字符按正序存放到串 t 中，然后把串 s 中的字符按逆序连接到串 t 的后面。

例如：当 s 中的字符串为"ABCDE"时，则 t 中的字符串应为"ABCDEEDCBA"。

【编程思路】通过指针先由前往后访问串 s，并逐个字符存入串 t 中；再由后往前访问串 s，并逐个字符存入串 t 中，最后输出串 t 即可。

【程序代码】

```c
#include <stdio.h>
#include <string.h>
void main()
{
    char s[20],t[20],*p,*q;
    printf("请输入一个字符串:");
    gets(s);
    for(p=s,q=t;*p!='\0';p++,q++)/*正序存放*/
        *q=*p;
    for(p--;p>=s;p--,q++)    /*p由后向前访问串s,实现逆序连接*/
        *q=*p;
    *q='\0';
    puts(t);
}
```

程序的运行结果如图8-22所示。

请输入一个字符串：ABCDE
ABCDEEDCBA

图8-22    【例8-15】的运行结果

【例8-16】 编写函数，其功能是对传送过来的两个浮点数求出和值与差值，并通过形参传送回调用函数。

【编程思路】

（1）定义变量a、b来存放两个浮点数，变量sum、sub存放两数的和与差。

（2）被调函数fun()中，需要两个float类型的形参x、y来接收两个实数，还需要两个指针s、n，一个指向sum，一个指向sub。

（3）函数fun()中，计算的两数和放到s所指向的变量sum中，两数之差放到n所指向的变量sub中。

【程序代码】

```c
#include <stdio.h>
void fun(float x,float y,float *s,float *n)
{
    *s=x+y;    /*将和放入s所指向的存储单元*/
    *n=x-y;    /*将差放入n所指向的存储单元*/
}
void main()
{
    float a,b,sum,sub;
    a=10.5;b=20.8;
    fun(a,b,&sum,&sub);
```

```
printf("%.2f + %.2f = %.2f \n",a,b,sum);
printf("%.2f - %.2f = %.2f \n",a,b,sub);
}
```

程序的运行结果如图 8 - 23 所示。

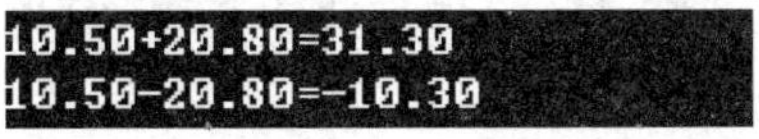

```
10.50+20.80=31.30
10.50-20.80=-10.30
```

图 8 - 23 【例 8 - 16】的运行结果

【例 8 - 17】 将字符串从第 k 个字符起，删去 m 个字符，组成新字符串。

【编程思路】

（1） 函数需要 3 个形参，分别接收串的首地址、k 值和 m 值。

（2） 函数中的操作如下：

① 指针 p 指向第 k 个字符，指针 q 指向第 k + m 个字符。

② 赋值：* p = * q。

③ 指针 p、q 同时向后移，返回②，直到 q 指向串结束标志。

【程序代码】

```
#include <stdio.h>
void del(char *s,int k,int m)
{
    char *p,*q;
    p = s + k - 1;      /*p 指向第 k 个字符*/
    q = s + k + m - 1;    /*指针 q 指向第 k + m 个字符*/
    while( *q != '\0')
        *p ++ = * q ++;    /*赋值并且移动指针*/
    *p = '\0';
}
void main()
{
    char str[30];
    int k,m;
    printf("请输入字符串:");
    gets(str);
    printf("请输入从第几个字符开始删除:");
    scanf("%d",&k);
    printf("请输入删除几个字符:");
    scanf("%d",&m);
    del(str,k,m);
    printf("删除后字符串:");
    puts(str);
}
```

程序的运行结果如图 8 - 24 所示。

```
请输入字符串：This is a good book.
请输入从第几个字符开始删除：11
请输入删除几个字符：5
删除后字符串：This is a book.
```

图 8 - 24  【例 8 - 17】的运行结果

# 8.6  本章小结

通过本章的学习，读者应该掌握以下内容：

（1）每个变量都有地址（即指针），指针变量用于存放其他变量的地址。

（2）指针变量与普通变量一样，要先定义后使用。如有定义语句 "float * fp;"，则 fp 只能指向 float 类型的变量。

（3）建立指针的指向关系，可以通过以下语句完成：

①指针变量 = & 变量；

②指针变量 1 = 指针变量 2；

其中指针变量 2 为已有指向的指针变量。

（4）变量的访问。变量可以通过变量名直接访问，也可以利用指针间接访问，" * 指针变量" 表示指针变量所指向的变量。

（5）指针与一维数组。当指针变量 p 指向数组时，可以通过 p 的自增和自减在数组区域内移动指针，方便地访问数组的各个元素。

（6）指针与二维数组。二维数组的指针比较复杂，根据定义的指针类型，可分为列指针和行指针。列指针为数组元素地址，可以在数组元素间移动，行指针为各行首地址，只能在行间移动。二维数组名是行指针常量。

（7）指针与函数。用指针作函数参数时，可以在被调函数中访问调用函数中的变量，这为问题的处理提供了方便。函数间参数传递方式见表 8 - 4。

表 8 - 4  函数间参数传递方式

| 实参 | 形参 | 传递数据 | 效果 |
| --- | --- | --- | --- |
| 变量常量表达式 | 变量 | 值 | 形参不影响实参 |
| 指针（地址）指针变量 | 指针变量 | 地址值 | 形参影响实参 |
| 数组名 | 数组指针变量 | 地址值 | 形参影响实参 |

运用指针编程是 C 语言的主要风格之一。利用指针能方便地处理数组和字符串。不可否认，指针也是 C 语言学习中最难理解和使用的部分，学习中除了要正确理解指针的基本概念，还需要多编写程序，多上机调试。

# 8.7 实训

## 实训 1

【实训内容】指针和指针变量。

【实训目的】掌握指针和指针变量的使用。

【实训题目】编写一个程序，实现以下的每一步操作，并写出输出结果，然后上机验证。

（1）定义整型变量 x，并赋初值 4321。

（2）定义指向整型变量的指针变量 p 和 q，并使 p 指向变量 x。

（3）通过指针变量 p 使 q 指向变量 x。

（4）通过 p 使 x 中的值增加 111。

（5）通过 q 求 x 中的值的个位数，并把结果存放在 p 所指向的存储单元中。

（6）通过 x 输出该变量中的值。

## 实训 2

【实训内容】指针作为函数参数。

【实训目的】掌握函数间的地址传递。

【实训题目】分析下列程序，写出输出结果，然后上机进行验证。

```c
#include<stdio.h>
void fun(int x,int y,int *cp,int *dp)
{
    *cp=x+y;
    *dp=x-y;
}
void main()
{
    int a,b,c,d;
    a=4;
    b=3;
    fun(a,b,&c,&d);
    printf("%d,%d\n",c,d);
}
```

## 实训 3

【实训内容】数组名作为函数参数。

【实训目的】掌握数组名作为函数参数的使用。

【实训题目】程序的功能是输入一个十进制数，输出相应的二进制数。

第 8 章实训 3
源代码

请将程序补充完整，然后上机运行调试。

```c
#include <stdio.h>
int trans(int n,int a[])
{
    int i =0;
    while(n!=0)
    {
        a[i] = _____;
        n =n/2;
        _____;
    }
    return _____;
}
void main()
{
    int a[10],i,n,m;
    printf("请输入十进制数 n:");
    scanf("%d",&n);
    m =trans(n,a);
    printf("%d 对应的二进制数为:",n);
    for(i= _____;i>=0;i--)
        printf("%d",a[i]);
    printf("\n");
}
```

**实训 4**

第 8 章实训 4
源代码

【实训内容】数组作为函数的参数。

【实训目的】掌握数组作为函数参数时的地址值传递，进一步理解形参数组对实参数组的影响。

【实训题目】补充程序，使之可以交换数组 a 和数组 b 中的对应元素，要求数组交换功能在函数中实现，主函数已给出，请补充 reverse() 函数，然后上机调试。

```c
#include <stdio.h>
void reverse(int x(),int y(),int n)
{
    ...
    ...
}
void main()
{
```

```
    int a[10],b[10],i;
    printf("请输入 10 个数给数组 a:");
    for(i=0;i<10;i++)
        scanf("%d",&a[i]);
    printf("请输入 10 个数给数组 b:");
    for(i=0;i<10;i++)
        scanf("%d",&b[i]);
    reverse(a,b,10);
    printf("互换后数组 a 的值:");
    for(i=0;i<10;i++)
        printf("%6d",a[i]);
    printf("\n 互换后数组 b 的值:");
    for(i=0;i<10;i++)
        printf("%6d",b[i]);
    printf("\n");
}
```

# 习 题 8

8-1 编写程序,实现以下的每一步操作,并写出输出结果。

(1) 定义字符型变量 ch,并赋初值'a'。

(2) 定义指向字符型变量的指针变量 s 和 t,并使 s 指向变量 ch。

(3) 通过指针变量 s 使 t 指向变量 ch。

(4) 通过 s 对 ch 中的值减去 32。

(5) 通过 t 对 ch 中的值增加 5。

(6) 通过 ch 输出该变量中的字符。

8-2 分析程序,写出每个程序的输出结果。

习题 8-1
参考答案

【程序 1】

```
#include<stdio.h>
void main()
{
    int a[10]={1,2,3,4,5,6,7,8,9,10},*p=a;
    printf("%d\n",*(p+2));
}
```

【程序 2】

```
#include<stdio.h>
void main()
{
```

```
    int a[] = {2,4,6,8,10},y = 0,x, * p ;
    p = &a[1] ;
    for(x = 0 ;x < 3 ;x++)
        y += * (p + x) ;
    printf( "%d \n",y) ;
}
```

【程序3】

```
#include < stdio.h >
void main()
{
    int a[3][3], * p,i;
    p = &a[0][0];
    for(i=0;i<9;i++)
    p[i] = i;
        for(i=0;i<3;i++)
        printf("%d ",a[1][i]);
}
```

【程序4】

```
#include < stdio.h >
#include < string.h >
void main()
{
    char ch[] = "abc",x[3][4];int i;
    for(i=0;i<3;i++) strcpy(x[i],ch);
    for(i=0;i<3;i++) printf("%s",&x[i][i]);
    printf(" \n");
}
```

【程序5】（程序运行时输入：1 2）。

```
#include < stdio.h >
void main()
{
    int a[3][2] = {0},( * ptr)[2],i,j;
    for(i=0;i<2;i++)
        {
            ptr = a + i;
            scanf("%d",ptr);
            ptr ++;
        }
```

```
        for(i=0;i<3;i++)
            {
                for(j=0;j<2;j++)
                printf("%2d",a[i][j]);
                printf("\n");
            }
    }
```

【程序 6】

```
#include<stdio.h>
void swap1(int a,int b)
{
    int t;
    t=a;a=b;b=t;
}
void swap2(int *a,int *b)
{
    int t;
    t=*a;*a=*b;*b=t;
}
void main()
{
    int a[2]={3,5},b[2]={3,5};
    swap1(a[0],a[1]);
    swap2(&b[0],&b[1]);
    printf("%d,%d,%d,%d\n",a[0],a[1],b[0],b[1]);
}
```

【程序 7】

```
#include<stdio.h>
void prt(int *m,int n)
{
    int i;
    for(i=0;i<n;i++)
    m[i]++;
}
void main()
{
    int a[]={1,2,3,4,5},i;
    prt(a,5);
```

```
        for(i=0;i<5;i++)
            printf("%d,",a[i]);
}
```

**【程序 8】**

```
#include < stdio.h >
#define N 20
void fun( int a[ ],int n,int m)
{
    int i;
    for(i=m;i>=n;i--)
        a[i+1]=a[i];
}
void main( )
{
    int i,a[N] = {1,2,3,4,5,6,7,8,9,10};
    fun(a,2,9);
    for(i=0;i<5;i++)
        printf("%d",a[i]);
}
```

**【程序 9】**

```
#include < stdio.h >
void reverse( int a[ ],int n)
{
    int i,t;
    for(i=0;i<n/2;i++)
    {t=a[i];a[i]=a[n-1-i];a[n-1-i]=t;}
}
void main( )
{
    int i,b[10] = {1,2,3,4,5,6,7,8,9,10};
    reverse(&b[2],6);
    for(i=0;i<10;i++)
        printf("%4d",b[i]);
}
```

**【程序 10】**

```
#include < stdio.h >
#include "string.h"
void fun( char * s,int p,int k)
```

```
{
    int i;
    for(i=p;i<k-1;i++)
        s[i]=s[i+2];
}
void main()
{
    char s[]="abcdefg";
    fun(s,3,strlen(s));
    puts(s);
}
```

# 第 9 章

## 结构体及其应用

**【本章知识要点思维导图】**

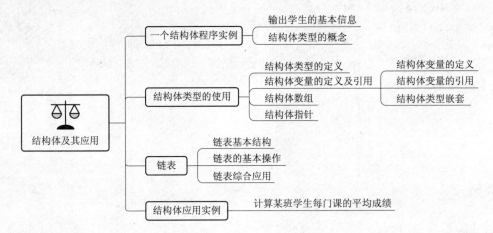

**【学习目标】**

通过本章的学习，你将能够：

◇了解结构体类型的概念和特点；

◇掌握结构体类型变量的定义及赋值方法；

◇掌握结构体数组的使用方法；

◇了解结构体指针的使用方法；

◇了解链表及其基本操作；

◇能运用结构体进行程序设计。

**【学习内容】**

结构体类型及其定义、结构体变量的定义及使用、结构体数组的使用、结构体指针的使用、链表及其基本操作。

## 9.1　一个结构体程序实例

通过前面的学习，我们了解到相同类型的一组数据可用数组存放。而现实生活中经常需要处理一些数据类型不同，而又相互关联的一组数据，例如，一个学生的个人信息（有学号、姓名、性别、年龄、住址、成绩等数据项），一本图书的信息（有分类编号、书名、作者、出版社、出版日期、价格、库存量等数据项）。在描述这些数据类型不同，但是属于同一个学生或同一本书的信息时，简单变量或数组都显得力不从心。那么如何描述这些类型不同的相关数据呢？

C 语言提供了将不同类型数据组合到一起的方法，这就是结构体类型（structure）。

【例 9 – 1】一个学生的信息包括学号、姓名、平时成绩、期末成绩和总评成绩，其中总评成绩的计算公式为：总评成绩 = 平时成绩×30% + 期末成绩×70%。

根据给定的平时成绩和期末成绩计算该生的总评成绩，并输出该生的相关信息。

【编程思路】

本例中学生的信息包含 5 个数据项，这些数据项具有内在的联系（同属于一个学生），然而数据类型却不相同。面对这种情况，C 语言允许编程者自己构造一种复合数据类型，即结构体类型，把多个数据项（类型可以相同，也可以不相同）组合在一起，作为一个有机整体进行处理。

根据本例的情况，用以下形式构造名为 student 的结构体类型：

```
/*功能：构造结构体类型*/
struct student            /* student 为结构体类型名 */
    {   int num;             /*存放学号，为 int 型*/
        char name[10]        /*存放姓名，用字符数组*/
        float s1，s2，score；  /*存放 3 个成绩，为 float 型*/
    }；
```

struct student 是一种结构体类型，它由 5 个数据项组成，此处的数据项称为结构体成员或者域。接下来可以用 struct student 这个数据类型定义变量，只有变量才能存储数据。

例如，下面的语句定义了一个结构体变量：

struct student wang；

结构体变量 wang 包括学号、姓名、平时成绩、期末成绩和总评成绩 5 个成员。程序中结构体变量不能整体引用，要引用到其中的成员。

结构体变量中成员的引用形式为：结构体变量 . 成员名，比如 wang. num、wang. name、wang. s1 等。结构体成员在程序中的作用和用法与普通变量相同。

【程序代码】

```c
#include "stdio.h"
#include "string.h"
struct student      /*定义结构体类型*/
{
    int num;
    char name[10];
    float s1,s2,score;
};
main()
{
    struct student wang;     /*定义结构体变量*/
                    /*以下给变量名为 wang 的学生赋值*/
    wang.num =101;
    strcpy(wang.name,"wanghai");
    wang.s1=92.0;
```

```
        wang.s2=87.5;
        wang.score=wang.s1*0.3+wang.s2*0.7;  /*计算总评成绩*/
                        /*以下输出该学生信息*/
        printf("NO.:%d\n",wang.num);
        printf("NAME:%s\n",wang.name);
         printf("s1=%7.2f,s2=%7.2f,score=%7.2f\n\n",wang.s1,
wang.s2,wang.score);
    }
```

程序的输出结果如图9-1所示。

```
NO.:101
NAME:wanghai
s1=   92.00,s2=   87.50,score=   88.85
```

**图9-1  【例9-1】的输出结果**

**提示:**一组相关的数据可能是相同类型的,也可能是不同类型的,为了封装相关的数据,就需要构造包含各种类型成员的数据类型,这种类型就是结构体类型。

# 9.2  结构体类型的使用

结构体类型是一种用户自定义的构造类型。使用时,必须先定义结构体类型,然后再用其类型定义结构体变量。

## 9.2.1  结构体类型的定义

定义结构体类型的一般形式为:

struct 结构体类型名
```
    {
        类型名1 成员名1;
        类型名2 成员名2;
        ……
        类型名1 成员名1;
    };
```

例如:

struct stud
```
    {   int num;
        char name[20];
        char sex;
        int age;
        float score[3];
        char address[30];
    };
```

说明：

（1）struct 是关键字，标志结构体类型。struct 后面是所定义的结构体类型的名字，结构体名应符合标识符的命名规则。这里结构体名可以省略，省略后将成为无名结构体。

（2）结构体的各个成员用花括号括起来，结构体成员的定义方式和变量的定义方式一样，成员名的命名规则和变量相同；各成员之间用分号分隔；结构体类型的定义以分号结束。

（3）结构体成员的数据类型可以是基本类型，也可以是构造类型，如数组或其他结构体类型。

> **提示：**结构体类型定义后面的分号";"不能省略，它经常被遗漏而导致程序错误。

### 9.2.2 结构体变量的定义及引用

有了结构体数据类型，接下来需要定义结构体类型变量，以便存放结构体类型的数据。

1. 结构体变量的定义

在 C 语言中，结构体变量的定义可以采取 3 种方法。

（1）先声明结构体类型再定义变量名。

例如：

```
struct stud      /*定义结构体类型*/
    {   int num;
        char name[20];
        char sex;
        int age;
        float score[3];
        char address[30];
    };
struct stud student1, student2;      /*定义结构体变量*/
```

以上定义了两个结构体变量 student1 和 student2，它们均包含 6 个成员：编号、姓名、性别、年龄、3 门课的成绩和地址。

与普通变量一样，结构体变量也可以通过初始化赋值，例如：

```
struct stud student1 = {101,"ghz", 'M', 18, 75.4, 89.3, 92.5,"xian"};
struct stud student2 = {102,"xhy", 'M', 16, 95.1, 99, 92,"beijing"};
```

结构体变量 student1 和 student2 中各成员的赋值情况如图 9-2 所示。

| | num | name | sex | age | score[0] | score[1] | score[2] | address |
|---|---|---|---|---|---|---|---|---|
| student1 | 101 | "ghz" | 'M' | 18 | 75.4 | 89.3 | 92.5 | "xian" |
| student2 | 102 | "xhy" | 'M' | 16 | 95.1 | 99 | 92 | "beijing" |

图 9-2 结构体变量的赋值情况

注意：上面定义的结构体类型有 6 个成员，而赋值的时候有 8 项数据，原因是第 5 个成员 score 是数组，它有 3 个元素，用来存放 3 门课的成绩。

从图 9-2 中可以看到，各成员分配在连续的存储区域内，而且各个成员所占的字节数之和就是结构体变量的字节数。

（2）在定义结构体类型的同时定义结构体变量。

用这种方法定义的一般形式为：

struct 结构体名

{

    成员表列

} 变量名表列；

例如，上面的结构体类型 struct stud 也可以采取以下形式定义：

```
struct stud
   {  int num;
      char name[20];
      char sex;
      int age;
      float score[3];
      char address[30];
   } student1 ={101,"ghz",'M',18,75.4,89.3,92.5,"xian"},student2;
```

这里只对变量 student1 进行了赋初值操作。

（3）在定义无名结构体类型的同时定义结构体变量（即不出现结构体名）。

其一般定义形式为：

struct

    {

        成员表列

    } 变量名表列；

例如：

```
struct
   {    int num;
        char name[20];
        char sex;
        int age;
        float score[3];
        char address[30];
   }student1,student2;
```

2. 结构体变量的引用

1）结构体变量中成员的引用

结构体变量本身不能代表一个特定的值，只有它的成员才会有特定的值，因此使用结构体变量时，要引用其成员。

结构体变量中成员的引用形式是：

结构体变量. 成员名

例如，结构体变量 student1 中各个成员的引用形式如下：

student1. num、student1. name、student1. sex、student1. age、student1. address

student1. score[0]、student1. score[1]、student1. score[2]

结构体中成员的作用与地位相当于普通变量,因此对其可以进行与普通变量一样的操作,比如赋值、输入/输出等。例如有以下语句:

student1. num = 101;

scanf ("%d", &student1. num);

printf ("%d\n", student1. num);

distance = student1. age – student2. age;

2)同类型结构体变量可以相互赋值

对结构体变量不能整体引用,但同类型结构体变量之间可以相互赋值。

【例 9 - 2】结构体变量的引用。

【程序代码】

```
#include <stdio.h>
struct stud      /*定义结构体类型 stud */
{
    char xm[10];
    int age;
};
void main()
{
    struct stud stu1,stu2; /*定义结构体变量 */
    scanf("%s %d",stu1.xm,&stu1.age);   /*结构体变量引用到成员 */
    printf("stu1 -- >%s:%d\n",stu1.xm,stu1.age);   /*结构体变量引
用到成员 */
    stu2 = stu1; /* 把变量 stu1 各成员的值赋给变量 stu2 的相应成员 */
    printf("stu2 ---%s:%d\n",stu2.xm,stu2.age);   /*结构体变量引
用到成员 */
}
```

程序运行时输入"zhangsan 20",输出结果如图 9 - 3 所示。

```
zhangsan 20
stu1-->zhangsan:20
stu2-->zhangsan:20
```

图 9 - 3 【例 9 - 2】的输出结果

提示:不能对结构体变量整体进行输入、输出及赋值操作。以下语句是错误的:
```
scanf("%d",%s,%c,%d,%f,%s",&student1);
printf("%d,%s,%c,%d,%f,%d\n",student1);
stu1 ={"zhangsan",20};
```

3. 结构体类型嵌套

在以上例子中,结构体成员的类型都是基本类型和数组类型。实际上,成员的类型可

以是任何数据类型。下面给出成员类型是另一个结构体类型的例子。

例如：

```
struct date    /*日期结构*/
  {
      int year;
      int month;
      int day;
  };
struct student
  {
      int num;
      char name[20];
      char sex;
      int age;
      struct date birthday;   /*struct date 为结构体类型*/
      char address[30];
  }stu={102,"xhy",'M',16,1977,5,8,"beijing"};
```

上例中结构体变量 stu 的存储结构如图 9-4 所示。

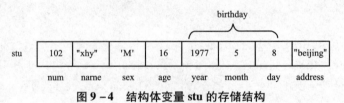

图 9-4　结构体变量 **stu** 的存储结构

若成员本身又属于一个结构体类型，引用时要逐级找到最低一级的成员，只能对最低级的成员进行赋值或存取操作。

例如，对上面定义的结构体变量 stu，可以这样访问其中的日期成员：

stu. birthday. year

stu. birthday. month

stu. birthday. day

注意：不能用 stu. birthday 来访问 stu 变量中的成员 birthday，因为 birthday 本身也是一个结构体变量。

### 9.2.3　结构体数组

在【例 9-1】中，一个结构体变量只能处理一个人的信息（如一个学生的学号、姓名、成绩等数据），但在实际应用中经常需要处理一批人的信息，这时应该使用结构体类型的数组。

定义结构体数组与定义结构体变量的方法相同。例如：

```
struct student
  {
    int num;
    char name[20];
    char sex;
    int age;
    float score[3];
    char address[30];
  } stu[3];
```

以上定义了一个数组 stu，它有 3 个元素 stu[0]、stu[1]、stu[2]，类型均为 struct student 类型。结构体数组中成员的引用方式与结构体变量相同，下面以元素 stu[0]为例，给出各个成员的引用形式：

stu[0]. num、stu[0]. name、stu[0]. sex、stu[0]. age stu[0]. address

stu[0]. score[0]、stu[0]. score[1]、stu[0]. score[2]

可见，结构体数组元素也是通过数组名和下标来引用的。因为各个元素都是结构体类型，因此对结构体数组元素的引用与对结构体变量的引用一样，也要逐级引用，只能对最低级的成员进行存取和运算。

【例 9－3】候选人得票统计程序。设有 3 个候选人，10 个投票人，输入得票人的名字并进行统计，最后输出各人得票结果。

【程序代码】

```
#include "string.h"
#include "stdio.h"
struct person
{
    char name[20];      /*候选人姓名*/
    int count;          /*候选人票数*/
}leader[3] = {"star",0, "mery",0, "sun",0}; /*定义结构体数组并初始化*/
main()
{
    int i,j;
    char leader_name[20];
    for(i=1;i<=10;i++)
    {
    scanf("%s",leader_name);
    for(j=0;j<3;j++)
    if(strcmp(leader_name,leader[j].name)==0)/*比较输入的名字与候选人的名字*
```

```
            leader[j].count ++;  /*相当于 leader[j].count = leader[j].
count +1;*/
        }
    printf("\n");
    for(i=0;i<3;i++)
        printf("%5s:%d\n",leader[i].name,leader[i].count);
}
```

程序的运行结果如图 9 – 5 所示。

图 9 – 5 　【例 9 – 3】的运行结果

程序定义了一个结构体数组 leader，它有 3 个元素，每一个元素包含两个成员 name
（候选人姓名）和 count（得票数），在定义数组时使之初始化，使 3 位候选人的票数都先
置零。

主函数中定义了字符数组 leader_name，它接受被选人的姓名，在 10 次循环中每次先
输入一个被选人名，然后与 3 个候选人名相比，决定是否计数。在输入和统计结束之后，
将 3 人的名字和得票数输出。

---

**小测验**

统计选票时，如果投票人数不确定，程序该如何修改？

---

### 9.2.4　结构体指针

结构体指针是指基类型为结构体类型的指针变量。通过结构体指针可以间接访问结构
体中的成员。

下面通过实例说明结构体指针的应用。

【例 9 – 4】使用结构体指针输出学生的基本信息。

【程序代码】

```
#include "string.h"
#include "stdio.h"
main()
```

```
    {
        struct student    /* 定义一个结构体类型 */
        {
          long num;
          char name[20];
          char sex;
          float score;
        };
        struct student stu,*p;   /* 定义结构体变量 stu 和结构体指针 p */
        p = &stu;                /* 结构体指针 p 指向结构体变量 stu */
        stu.num =101;
        strcpy(stu.name,"Xuhuayu");
        stu.sex = 'M';
        stu.score =90.0;
        printf( "No.:%ld \nname:%s \nsex:%c \nscore:%f \n",stu.num,
stu.name,stu.sex,stu.score);
        printf( "No.:%ld \nname:%s \nsex:%c \nscore:%f \n",(*p).num,
(*p).name,(*p).sex,(*p).score);
    }
```

程序的运行结果如图 9 - 6 所示。

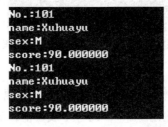

图 9 - 6　【例 9 - 4】的运行结果

程序分析：

程序中将结构体变量 stu 的地址赋给指针变量 p，也就是使 p 指向 stu，然后对 stu 的各成员赋值，第一个 printf() 函数输出 stu 的各个成员的值，第二个 printf() 函数也是用来输出 stu 各成员的值，但使用的是（*p）.num 这样的形式。

通过结构体指针引用成员的方式有两种：

（1）（*p）.成员名

（2）p -> 成员名（"->" 为指向运算符）

指针变量可以指向结构体变量，当然也可以指向结构体数组，其使用方法与指向数组的指针的使用方法类似，只不过把普通数组换成了结构体数组。

【例 9 - 5】使用指向结构体数组的指针实现多名学生信息的输出。

【程序代码】

```
#include"stdio.h"
struct student
{   int num;
    char name[20];
    char sex;
    int age;
};
struct student stu[3]={{101,"Xuhy",'M',18},{102,"Liuhm",'M',
19},{103,"Lp",'F',20}};
    main()
{
    struct student *p;              /* 定义结构体指针 */
    printf("No.Name sex age \n");
    for(p=stu;p<stu+3;p++)          /* 利用结构体指针输出数据 */
     printf("%4d%-6s%-2c%4d\n",p->num,p->name,p->sex,p->age);
}
```

程序的运行结果如图9-7所示。

图9-7 【例9-5】的运行结果

程序分析：

p是指向struct student结构体类型的指针变量。在for语句中先使p的初值为stu，即数组stu的起始地址，循环第一次输出stu[0]的各个成员值，然后执行p++，使p自加1（以struct student结构体类型所占的字节数为单位）后指向stu[1]，循环第二次输出stu[1]的各成员值，再执行p++后，p指向stu[2]，输出stu[2]的各成员值后循环结束。

# 9.3 链表

### 9.3.1 链表的基本结构

链表是一种动态数据结构，可根据需要动态地开辟存储空间，随时释放不再需要的存储空间。这样可以有效利用存储空间，提高存储空间利用率。

图9-8所示是一种单向链表结构示意。

图9-8 链表结构示意

链表中的每个元素称为链表的结点，每个结点中包括两部分内容，即用户需要的数据和下一个结点的地址，也就是说，链表中的每个结点是由数据域和指针域组成的。

在链表中通常用一个指针指向链表开头的结点，该指针称为头指针。图9-8中head即头指针，它指向第一个结点。

单向链表中前一个结点的指针域指向后一个结点，这样可以通过前一个结点引用后一个结点。最后一个结点不再指向其他结点，称为尾结点（即表尾），它的指针域的值是NULL（空指针），表示整个链表到此结束。

从链表的特点来看，结构体类型最适合描述链表。比例，有以下结构体类型定义：

```
struct node
{
    int num;
    float score;
    struct node * next;
};
```

其中成员 num 和 score 用来存放结点中的有用数据（即数据域），next 是指针域，它的类型是 struct node 类型，用来指向一个结点。

【例9-6】建立一个简单链表（图9-9），它由3个存放学生数据（包括学号和姓名）的结点组成。输出各个结点数据。

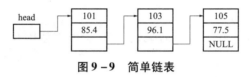

图9-9 简单链表

【程序代码】

```
#include "stdio.h"
struct node
{
    int num;                      /* 存储学生学号 */
    float score;                  /* 存储学生成绩 */
    struct node * next;           /* 定义结构体指针,指向下一个结点 */
};
main()
{
    struct node a,b,c, * head, * p;
    a.num =101;a.score =85.4;    /* 给结点 a 的 num 和 score 域赋值 */
    b.num =103;b.score =96.1;    /* 给结点 b 的 num 和 score 域赋值 */
    c.num =105;c.score =77.5;    /* 给结点 c 的 num 和 score 域赋值 */
    head = &a;        /* 头指针 head 指向结点 a */
    a.next = &b;      /* 连接结点 b 和 a 结点 */
    b.next = &c       /* 连接结点 c 和 b 结点 */
```

```
        c.next = NULL；/*结点 c 为尾结点 */
        p = head；        /*使 p 指针指向第 1 个结点 */
        do                /*依次输出各结点数据 */
        {
            printf("学号:%d 成绩:%5.2f\n",p->num,p->score);
            p = p->next；      /* 指针 p 后移,指向下一结点 */
        }while(p! = NULL);
    }
```

程序的运行结果如图 9 – 10 所示。

图 9 – 10    【例 9 – 6】的运行结果

程序说明：

本例中链表结点是在程序中定义的，不是临时开辟的，用这种方法生成的链表称为静态链表。当然，有使用价值的应该是动态链表。

### 9.3.2    链表的基本操作

1. 动态分配和释放存储区

动态开辟存储区需要使用 malloc( ) 函数，释放存储区使用 free( ) 函数。这些函数包含在头文件"stdlib. h" 中。

1) malloc( )函数

函数调用的一般形式为：malloc(size)。

功能：在内存申请分配一个 size 字节的存储区。调用结果为新分配的存储区的首地址，是一个 void * 类型指针，若申请失败，则返回 NULL。

void * 类型指针是一个指向非具体数据类型的指针，称为无类型指针，因此一般在使用该函数时，要用强制类型转换将其转换为所需要的类型。例如：

int * p；

p = (int * )  malloc(2)；

上面语句完成向内存申请 2 字节的存储区，用来存放 1 个整数，并让指针 p 指向存储区的首部。

struct node * p；

p = (struct node * )malloc( sizeof( struct node) )；

上面语句中 sizeof 是 C 语言的运算符，其功能是计算数据类型或变量所占的字节数，sizeof( struct node)是计算 struct node 类型所占的字节数，那么 malloc( sizeof( struct node) )的功能是申请分配一个 struct node 类型所需大小的存储区。由于 malloc( )的返回值是无类型指针，而指针 p 的基类型是 struct node 类型，因此需要进行强制类型转换，将 malloc( )函数的返回值转换为指向 struct node 类型的指针。

2）free( )函数

函数调用的一般形式为：free(p)。

功能：释放指针 p 所指向的动态存储区。

2. 建立单向链表

建立动态链表是指在程序执行过程中从无到有地建立起一个链表，即一个一个地开辟结点和输入结点数据，并建立起前后连接关系。

【例 9 - 7】建立链表函数。建立一个有若干名学生数据的单向动态链表，当输入的学生学号为 0 时结束操作。

【程序代码】

```c
#include"stdio.h"
#include"stdlib.h"struct node
{
    int num;
    float score;
    struct node * next;
};
struct node* create()
{
    struct node *head, * s, * p;
    int c;
    float x;
    head =(struct node *)malloc(sizeof(struct node)); /*生成头结点*/
    p =head;   /*尾指针指向第一个结点*/
    printf("输入学生结点信息(学号和成绩),学号为 0 时输入结束:\n");
    scanf("%d%f",&c,&x);   /*输入学生数据*/
    while (c!=0)
    {
        s =(struct node *)malloc(sizeof(struct node));
        s->num= c;
        s->score=x;
        p->next=s;
        p=s;
        scanf("%d%f",&c,&x);
    }
    p->next =NULL;   /*将最后一个结点的指针域置为空*/
    return(head);   /*返回头指针*/
}
```

程序分析：

（1）本例中建立链表采用的是尾插法，即新结点始终连接在链表的尾部。

（2）链表建立的具体过程为：首先用 malloc()函数申请头结点，并将指针 p 也指向头结点，如图 9－11（a）所示，然后输入学生数据，判断学号是否为 0，并由此进入循环体，在循环体中为新结点 s 申请空间并存入数据，如图 9－11（b）所示，将新结点连接到链表尾部，如图 9－11（c）所示，移动指针 p，使其指向新的链尾结点，如图 9－11（d）所示，然后开始下一轮操作，如图 9－11（e）和如图 9－11（f）所示。如此反复，当用户输入 0 的时候，其表示操作结束，此时 p 依然指向链表的结尾，将其指针域置为 NULL，整个链表建立过程结束，返回头指针，如图 9－11（g）所示。

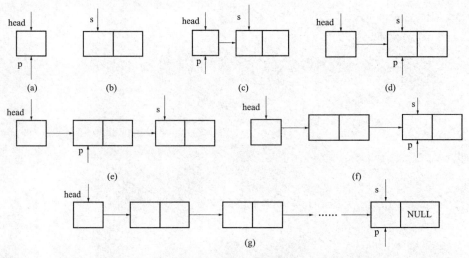

**图 9－11　建立单向链表**

（a）申请头结点；（b）申请新结点 s；（c）将新结点 s 连接到链表中；
（d）移动指针 p，使其指向链尾结点；（e）申请新结点 s 并将其连接到链表尾；
（f）移动指针 p，使其指向新的链尾结点；（g）链表建立完成

3. 输出链表

【例9－8】输出链表函数。

【程序代码】

```c
void print(struct node * head)
{
    struct node * p;
    printf("\t 输出学生结点信息 \n");
    p = head -> next;      /* 指针 p 指向第 1 个结点 */
    while(p! = NULL)
    {
        printf("学号:%d 成绩:%5.1f\n",p->num,p->score);
        p = p -> next;      /* 指针 p 后移,指向下一结点 */
    }
}
```

#### 4. 删除链表中的结点

从链表中删去一个结点，首先要找到这个结点，然后把它从链表中分离开来，撤销原来的连接关系，同时保证原有链表的连接关系。

【例9-9】删除结点函数，删除链表中学号为 num 的结点。

【编程思路】

（1）删除结点操作分两步完成。第一步查找要删除的结点，第二步进行删除。

（2）查找结点时，从 p 指向的第一个结点开始，检查该结点中的 num 值是否等于输入的要求删除的那个学号，如果相等，就找到了要删除的结点，如不相等，就将 p 后移一个结点，直到找到要删除的结点或者遇到链尾为止。在移动 p 的同时移动 q，使用 q 记录 p 的前驱结点，如图9-12（a）所示。

（3）找到待删除结点后，使 q 指向要删除结点 p 的后继结点，如图9-12（b）所示，然后释放结点 p 的内存空间，如图9-12（c）所示。

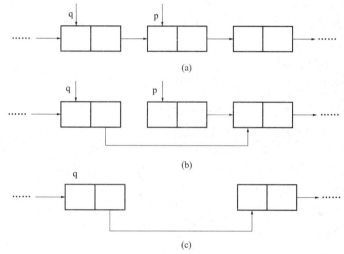

**图9-12 删除链表中的结点**

（a）查找待删除结点；（b）删除 p 所指的结点；（c）结点删除后

【程序代码】

```
struct node * del(struct node * head,int num)
{
    struct node * p, * q;
    q = head;
    p = head -> next;
    while(num! = p -> num&&p! = NULL)
    {
        q = p;
        p = p -> next;
    }
    if(num == p -> num)
    {
```

```
        q ->next = p ->next;
        free(p);
    }
    else
        printf("没有找到学号为%d 的结点！ \n",num);
    return(head);
}
```

5. 在链表中插入结点

对链表的插入是指将一个结点插入到一个已有的链表中，为了能做到正确插入，必须解决两个问题：如何找到插入的位置、如何实现插入。

【例9-10】插入结点函数。假定原链表结点已经按学号从小到大排列。

【程序代码】

```
struct node * ins(struct node *head,int c,float x)
{
    struct node *p,*q,*s;
    s =(struct node *)malloc(sizeof(struct node));/* 生成新结点 s */
    s ->num = c;      /* 将要插入的学生学号存放到新结点 s 的数据域中 */
    s ->score = x;    /* 将要插入的学生成绩存放到新结点 s 的数据域中 */
    q = head;
    p = head ->next;
    while(p! =NULL&&c >p ->num)
    {
        q =p;
        p =p ->next;
    }
    q ->next = s;
    if(p! =NULL)
        s ->next =p;
    else
        s ->next =NULL;
    return(head);
}
```

程序分析：

首先定义一个新结点存储待插入的结点信息（如图9-13中的结点s），从指针p指向第一个结点开始，将p->num与c比较，如果c>p->num，将p后移，并使q始终指向p的前驱结点，如图9-13（a）所示，直到p-num->c为止，这时找到新结点的插入位置。

如果插入位置是链表的尾部，将新结点插到链尾即可。

如果插入位置在链表中间，则让s->next指向p结点，如图9-13（b）所示，然后让 q -> next 指向 s 结点，如图 9 - 13（c）所示。

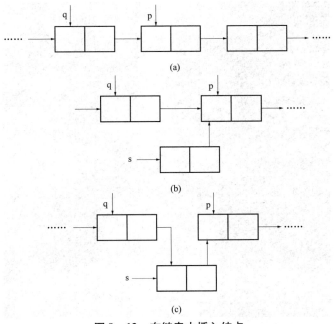

**图 9 - 13 在链表中插入结点**

（a）查找插入位置；（b）插入新结点；（c）插入完成

### 9.3.3 链表综合应用

【例 9 - 11】编制主函数，调用链表建立函数，输出函数，删除函数及插入函数，完成链表的基本操作。

【程序代码】

```
main()
{
    struct node * h;
    int del_num,in_num;
    float in_score;
    h = create();          /*建立链表*/
    print(h);              /*输出链表*/
    printf("\n 输入要删除的学生结点的学号:\n");
    scanf("%d",&del_num);
    h = del(h,del_num); /*删除链表结点*/
    print(h);              /*输出链表*/
    printf("\n 输入要插入的学生结点信息:\n");
    scanf("%d%f",&in_num,&in_score);
    h = ins(h,in_num,in_score); /*插入结点*/
    print(h);              /*输出链表*/
}
```

程序的运行过程如图9－14所示。

```
输入学生结点信息（学号和成绩），学号为0时输入结束：
101 85
106 95
120 88
139 65
0 0
              输出学生结点信息
学号：101成绩：   85.0
学号：106成绩：   95.0
学号：120成绩：   88.0
学号：139成绩：   65.0

输入要删除的学生结点的学号：
120
              输出学生结点信息
学号：101成绩：   85.0
学号：106成绩：   95.0
学号：139成绩：   65.0

输入要插入的学生结点信息：
111 99
              输出学生结点信息
学号：101成绩：   85.0
学号：106成绩：   95.0
学号：111成绩：   99.0
学号：139成绩：   65.0
```

**图9－14　【例9－11】的运行过程**

## 9.4　结构体应用实例

【例9－12】某班有45名学生，现在对他们的期末考试成绩进行统计。假定期末考3门课，分别为物理、数学和化学，要求计算每个学生的平均成绩和总成绩，最后计算本班每门课的平均成绩。

【编程思路】

（1）本程序分成3部分：学生数据输入（包括计算学生平均成绩和总成绩）、学生成绩单输出、本班每门课总成绩和平均成绩的计算和输出，分别由3个函数来实现，在主程序中调用这3个函数。

（2）定义结构体来存储学生数据，包括学生基本信息、学生3门课成绩（利用数组）、平均成绩、总成绩。

（3）将结构体数组地址作为实参传递给函数，以便在函数中使用结构体指针对学生数据进行操作。

【程序代码】

```c
#include "stdio.h"
#include "conio.h"
#include "string.h"
#define NU 3      /*以3名学生为例*/
struct student
{
    long num;              /*定义成员变量,存储学生学号*/
```

```
    char name[10];/*定义成员变量,存储学生姓名*/
    float score[3];/*定义成员变量,存储学生3门课的成绩*/
    float aver_person;/*定义成员变量,存储学生平均成绩*/
    float sum_person;/*定义成员变量,存储学生总成绩*/
};
void print(struct student *p)   /*输出个人成绩单*/
{
    int i;
    for(i=0;i<NU;p++,i++)
    {
        printf("\t\t学生成绩单\n");
        printf("\t学号:%ld\n",p->num);
        printf("\t姓名:%s\n",p->name);
        printf("\t数学:%5.1f |", p->score[0]);
        printf(" 物理:%5.1f |", p->score[1]);
        printf(" 化学:%5.1f \n", p->score[2]);
        printf("\t平均成绩:%5.1f \n", p->aver_person);
        printf("\t总成绩:%5.1f \n", p->sum_person);
        printf(" --------------------------------------------------- \n");
    }
}
void scan(struct student *p)/*输入学生数据,同时计算个人的平均成绩和
总成绩*/
{
    int i,j;
    printf("学生信息录入\n");
    for(i=0;i<NU;p++,i++)
    {
        p->sum_person=0;
        printf("学号:");
        scanf("%ld",&p->num);        /*使用结构体指针输入学生学号*/
        printf("姓名:");
        scanf("%s",p->name);        /*输入学生姓名*/
        printf("成绩录入:\n");
        for(j=0;j<3;j++)
        {
            printf("\t第%d门成绩:",j+1);
            scanf("%f",&p->score[j]);        /*输入学生第j门课成绩*/
```

```
                p->sum_person=p->sum_person+p->score[j]; /*学生成
绩累加求和*/
            }
            p->aver_person=p->sum_person/3; /*计算单个学生的平均成绩*/
        }
    printf(" --------------------------------------------------- \n");
}
void average(struct student *p)    /* 计算本班每门课的总成绩和平均成绩*/
{
    int i,j;
    float sum[3]={0},aver[3];
    for(i=0;i<NU;p++,i++)
        for(j=0;j<3;j++)
            sum[j]=sum[j]+p->score[j];    /*学生成绩累加求和*/
    for(j=0;j<3;j++)
        aver[j]=sum[j]/3;                 /*分别计算每门课的平均成绩*/
    printf("\t\t 本班成绩信息统计\n");
    printf("\t 数学总成绩:%7.1f,平均成绩:%5.1f \n", sum[0],aver[0]);
    printf("\t 物理总成绩:%7.1f,平均成绩:%5.1f \n", sum[1],aver[1]);
    printf("\t 化学总成绩:%7.1f,平均成绩:%5.1f \n", sum[2],aver[2]);
    printf(" --------------------------------------------------- \n");
}
void main()
{
    struct student stu[NU];
    scan(stu);    /*调用函数 scan(),输入学生信息并计算平均成绩*/
    print(stu);    /*调用函数 print(),输出学生成绩单*/
    average(stu); /*调用函数 average(),计算并输出全班的平均成绩*/
}
```

程序测试时以 3 个学生为例，即 NU=3，运行结果如图 9-15 所示。

程序分析：

由于要处理的不是一个学生的信息，而且每个学生的信息也不止一条，每条学生信息的数据类型也不一样，所以使用结构体数组存储数据。

为了使程序层次清晰、修改和维护方便，本程序采用模块化结构，用 3 个函数实现不同的功能，而且使用结构体地址作为函数的参数，这样可以在函数中通过结构体数组指针对结构体数组成员进行操作。

主函数中的 stu 就是结构体数组 stu 的首地址，而在各个函数中的形参 p 是结构体指针变量，实参和形参的传递方式就是地址传递。这样在函数中指针 p 的各种操作就可以理解成直接对 stu 这个结构体数组的操作。

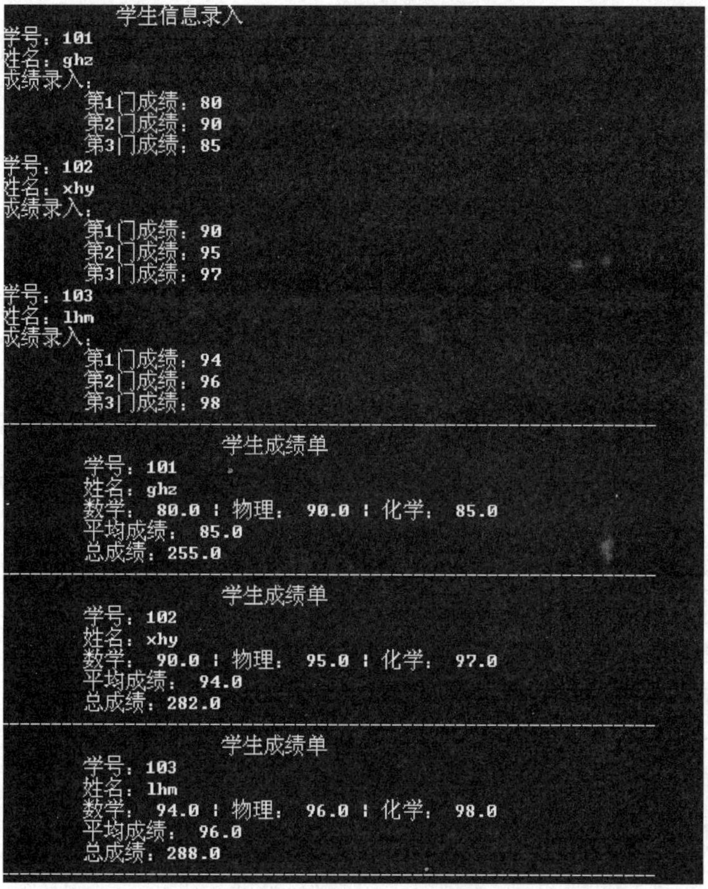

图9-15 【例9-12】的运行结果

## 9.5　本章小结

通过本章的学习，读者应掌握以下内容：

（1）结构体类型的概念。把多个不同类型的数据组合在一起表示一个对象时，可以用结构体类型实现。

（2）结构体变量、结构体数组、结构体指针的定义与使用。结构体变量一般不能整体引用，需要引用到成员，结构体成员与普通变量的用法相同。

结构体成员有3种引用形式，例如：

struct date

｛ int year, month, day；｝ d， ＊p ＝＆d；

①用结构体变量名的引用形式：

d. year　　d. month　　d. day

②用结构体指针变量的引用形式：

（＊p）. year　　（＊p）. month　　（＊p）. day

p －＞ year　　　p －＞ month　　　p －＞ day

（3）结构体类型作函数参数。实参为结构体类型数据时，形参也应该是同结构的结构体类型。

（4）链表。链表是一种动态存储结构，可根据需要动态地开辟存储空间，随时释放不再需要的存储空间。链表的基本操作有创建链表、输出链表、在链表中插入新结点、删除链表中的废弃结点。

（5）用结构体类型解决实际问题的方法。

# 9.6 实训

## 实训 1

【实训内容】结构体程序设计

【实训目的】使用结构体编写程序，解决简单问题

【实训题目】下面程序的功能是计算某日在本年中是第几天。阅读程序并上机调试。

【编程点拨】

（1）定义一个结构体变量（包括年、月、日），解决日期的存储问题。

（2）判断输入的年份是否是闰年，因为闰年的 2 月是 29 天。

（3）计算用户输入的月份之前的天数，这些月份都是整月的。

（4）将整月的天数和当前日子相加就是要计算的天数。

【程序代码】

```c
#include "stdio.h"
struct birthday
{
    int year;
    int month;
    int day;
};
main()
{
    struct birthday td;
    int i,sum = 0;
    int a[13] = {0,31,28,31,30,31,30,31,31,30,31,30,31};
    printf("请输入年份:");
    scanf("%d",&td.year);
    printf("请输入月份:");
    scanf("%d",&td.month);
    printf("请输入日期:");
    scanf("%d",&td.day);
    printf("您输入的日期是:%d-%d-%d",td.year,td.month,td.day);
    if(td.year%4 ==0&&td.year%100!=0 || td.year%400 ==0)
        a[2] =29;
```

```
    for(i=1;i<td.month;i++)
        sum=sum+a[i];
    sum=sum+td.day;
    printf("这是今年的第%d天",sum);
}
```

## 实训 2

【实训内容】结构体程序设计

【实训目的】使用结构体数组编写程序，解决实际问题。

【实训题目】编写程序，输入 10 个职工的职工号、姓名、性别、基本工资、奖金、水电费，计算每个人的实发额（基本工资＋奖金－水电费），输出实发额最高和最低的职工的姓名和实发额。

【编程点拨】

（1）定义一个结构体数组解决数据存储问题。

（2）将程序分成 3 个部分，第一部分完成数据输入，同时计算出每个职工的实发额；第二部分完成实发额最高和最低的计算，并记录下它们在数组中的下标。

（3）根据数组的下标输出实发额最高和最低的职工的姓名和实发额。

第 9 章实训 2
源代码

## 实训 3

【实训内容】结构体程序设计。

【实训目的】使用结构体指针编写程序，解决复杂问题。

【实训题目】仿照【例 9－5】完成学生期末考试成绩输入和成绩单输出（包括学生的平均成绩、总成绩、名次），假定这三门课分别为物理、数学、化学，主程序已经给出，请将其他子函数补充完整。

【编程点拨】

（1）定义一个结构体数组解决数据存储问题，当然成员中应该有表示总成绩、平均成绩、名次的成员。

（2）将程序分成若干个模块，每个模块完成一个或者多个功能，用函数来实现每个模块，函数的参数使用结构体数组的地址。

（3）学生平均成绩和总成绩可以在输入的时候同时计算，名次计算方法较多，但是计算复杂，适宜单写一个函数完成。查询可以根据学号或者姓名，如果使用字符型变量就要使用到字符串比较函数。

第 9 章实训 3
源代码

【程序代码】

```
#include"stdio.h"
#include"conio.h"
#include"string.h"
#define NU 35          /*学生总数*/
struct student
```

```
{
    long num;               /*定义成员变量,存储学生学号*/
    char name[10];          /*定义成员变量,存储学生姓名*/
    float score[3];         /*定义成员变量,存储学生3门课的成绩*/
    float aver_person;      /*定义成员变量,存储学生平均成绩*/
    float sum_person;       /*定义成员变量,存储学生总成绩*/
    int order;              /*定义成员变量,存储学生总成绩名次*/
};
print(struct student *p,int cx_num)    /* 根据学号输出个人成绩单*/
{
_____补充函数体_____
}

calc_order(struct student *p)/*计算每个学生的总成绩排名*/
{
_____补充函数体_____
}

scan(struct student *p)/* 输入学生数据同时计算个人的平均成绩和总成
绩*/
{
_____补充函数体_____
}

main()
{
    struct student stu[NU];
    int xuehao;
    scan(stu);              /*输入学生信息,计算平均成绩和总成绩*/
    calc_order(stu);        /*计算每个学生总成绩的排名*/
    do
    {
      printf("输入要查询的学生的学号(输入0表示结束):");
      scanf("%d",&xuehao);
      print(stu,xuehao);
    }while(xuehao!=0);
}
```

### 实训4

【实训内容】链表。

【实训目的】编写简单程序，完成链表的基本操作。

【实训题目】已知 a、b 两个链表，每个链表中的结点包括学号和成绩，并且每个链表已经按学号升序排列。要求编写函数将两个链表合并，并按学号升序排列。

阅读程序，给程序加上注释，并上机调试。程序中调用了 9.3 节中的部分函数，上机调试时需要自己补上这部分函数代码，将其写在主函数之前。

【部分程序代码】

```c
struct node * merge(struct node * a, struct node * b)
{
    struct node * qa, * qb, * qc;
    qc = a;
    qa = a -> next;
    qb = b -> next;
    while(qa && qb)
    {
        if(qa -> num <= qb -> num)
        {
            qc -> next = qa;
            qc = qc -> next;
            qa = qa -> next;
        }
        else
        {
            qc -> next = qb;
            qc = qc -> next;
            qb = qb -> next;
        }
    }
    qc -> next = qa? qa:qb;
    return(a);
}

main()
{
    struct node * h1, * h2, * h;
    int del_num,in_num;
    float in_score;
    h1 = create();
    h2 = create();
    h = merge(h1,h2);
    print(h);
}
```

# 习题 9

9-1 定义一个结构体类型，用来描述一个职工的基本信息（包括职工号、姓名、性别、出生年月日、工资、职务）。

9-2 写出下面程序的运行结果。

【程序1】

```
#include < stdio.h >
struct stu
    {
        int x;
        int *y;
    } *p;
int dt[4] = {10,20,30,40};
struct stu a[4] = {50,&dt[0],60,&dt[1],70,&dt[2],80,&dt[3]};
main()
{
    p = a;
    printf("%d,", ++p ->x);
    printf("%d,",( ++p) -> x );
    printf("%d\n", ++( *p ->y) );
}
```

【程序2】

```
#include < stdio.h >
main()
{
    struct
    {
      int x;
      int y;
    }d[2] = {{1,2},{2,7}};
    printf("%d\n",d[0].y/d[0].x * d[1].x);
}
```

【程序3】

```
#include < stdio.h >
struct stu
{
    int num;
    char name[10];
```

```
        int age;
    };
    void py(struct stu *p)
    {
        printf("%d\t",p->num);
        printf("%s\t",(*p).name);
        printf("%d\n",p->age);
    }
    main()
    {
        struct stu student[3] = {{101,"zhang",16},{103,"wang",17},
{105,"li",18}};
        py(student+2);
    }
```

【程序 4】

```
#include <stdio.h>
main()
{
    struct student
    {  char name[10];
       float m;
       float n;
    }a[2] = {{"zhao",90,80},{"li",50,70}}, *p = a;
    printf("\n name:%s total =%5.0f",p->name,p->m+p->n);
    printf("\n name:%s total =%5.0f\n",a[1].name,a[1].m+a[1].n);
}
```

9-3 假设有 6 名学生,每个学生的基本信息都包括姓名、性别、电话号码。编写程序,输出所有女生的信息。

9-4 有两个链表 a 和 b,假设结点中包括学号、姓名,编写程序,从 a 链表中删除与 b 链表中学号相同的那些结点。

习题 9-3
参考答案

# 第 10 章

# 文件及其应用

【本章知识要点思维导图】

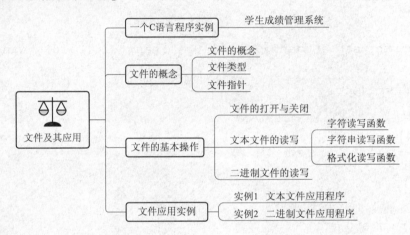

【学习目标】

通过本章的学习，你将能够：

◇理解文件的概念及分类；

◇掌握文件指针的概念及使用方法；

◇掌握文本文件的打开、读写及关闭操作；

◇掌握二进制文件的打开、读写及关闭操作。

【学习内容】

文件的概念及分类，文件指针，文本文件的打开、读写及关闭操作，二进制文件的打开、读写及关闭操作。

## 10.1 一个 C 语言程序实例

在前面章节的程序中，数据的输入和输出都是通过键盘和显示器进行的。一般来说，键盘和显示器适合处理少量数据和信息的输入和输出，它方便快捷，是常用的输入/输出设备。但是如果要进行大量数据的加工处理，键盘和显示器的局限性就很明显了。

【例 10-1】编制一个班级学生成绩管理系统，完成对全班 45 名学生，每人 4 门课成绩的输入、输出以及总分的统计和排名。

程序分析：

（1）按照前面所学的知识，本程序输入的数据量有 45×3=180 个，而且键盘输入的数据是在内存中，数据不能长期保存，程序每运行一次，数据都需要重新输入，因此键盘操作工作量极大，极易产生输入错误。同样，程序运行的结果也只能在显示屏显示，不能长期保存。

（2）如何让输入的大量数据和程序运行结果长久保存，以便多次使用呢？

要长期保存数据，就需要把它们存储到磁盘上。通常的做法是利用磁盘作为数据的存放中介，程序先通过键盘将数据写入磁盘，然后对存放在磁盘中的数据进行加工，加工后的数据仍然被存放到磁盘上，其过程如图 10 – 1 所示。

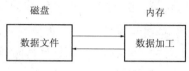

**图 10 – 1 数据的存储与加工**

数据在磁盘上是以文件的形式存放的。这样做的好处：一是程序和数据分离，使程序可以满足不同数据处理的需要；二是数据可以长期保存，重复使用，减少数据的反复输入；三是以文件形式保存的运行结果，可以为其他程序提供相关数据。

本章主要讲解 C 语言能够处理的文件形式、文件的建立及读写操作。

# 10.2 文件的概念

## 10.2.1 文件的概念及文件的类型

### 1. 文件的概念

文件是计算机中一个很重要的概念。所谓文件是指存储在磁盘等外部介质上的一批数据的集合，这里的"一批数据"可以是一批实验数据或者一篇文章、一幅图片，甚至一段程序等，利用外部介质的存储特性，数据可以长久地保存并可用外部介质携带。

为了区分不同的文件，每个文件都有一个名字，其称为文件名。文件的存取是按文件名进行的，当要读取文件中的数据时，必须先按文件名找到该文件，然后才能从文件中读取数据到内存。当需要将一批数据存储到磁盘介质时，也必须先建立一个文件，然后才能写数据到文件中。

### 2. 文件的类型

从不同的角度可以将文件划分成不同的类别。在 C 语言中经常用到的有 3 种划分：

（1）按文件存储的内容，文件可分为源程序文件和数据文件。

源程序文件存放的是程序代码，数据文件是程序中的数据集合。本章所介绍的文件操作在很大程度上是针对数据文件而言的。

（2）按文件中数据的组织方式，文件可分为文本文件和二进制文件。

文本文件（也称为 ASCII 文件）是指文件中的每个字符以其 ASCII 码的形式存储在文件中，文件中的每个字符占 1 个字节。例如，整型数据 5678 在内存中占 2 个字节，而如果以文本文件的形式存储则占 4 个字节。实型数据 3.1415 在内存中占 4 个字节，而如果以文本文件的形式存储则占 6 个字节，其中小数点也占 1 个字节。所以将文本文件中的数据读入内存处理时，需要将其从文件中数据的存储形式转换为内存中的存储形式。

二进制文件是指将数据以其在内存中存放的形式存储到文件中。整型（short 型）数据在内存中占 2 个字节，如果将整型数据存储到二进制文件中，该数据还占 2 个字节。实型数据（float 型）在内存中占 4 个字节，而如果将该数据存储到二进制文件中，该数据还占 4 个字节，所以将二进制文件中的数据读入内存处理时，不需要中间转换。由此可见，二进制文件节省存储空间而且存取速度比文本文件的存取速度快。

（3）按文件存取方式，文件可分为顺序文件和随机文件。

顺序文件，顾名思义总是从文件的开头顺序读或者写，即按照文件的字节顺序进行，而随机文件可以指定读或者写的位置，并对该位置上的数据直接进行读或写操作。

> **提示：** 对文件操作时，需要了解读和写的概念。将文件中的数据调入内存的过程称为读操作，而将内存中的数据存放到磁盘文件的过程称为写操作。

### 10.2.2　文件指针

在对文件进行打开、读写及关闭操作时，需要借助文件指针来完成。

文件指针是指向结构体类型的指针，该结构体类型由系统定义，取名为 FILE，其中存放着文件的名字、文件的状态、文件的大小以及文件的位置等信息。程序中可以用 FILE 类型定义指针变量，以指向文件，定义的一般形式为：

FILE * 指针变量；

例如：FILE * fp；

fp 是指向 FILE 结构体类型的变量，该变量可以用来存放某个文件的信息，因此称为文件指针。文件的访问必须通过文件指针完成，定义文件指针时必须包含头文件" stdio. h" 。

# 10.3　文件的基本操作

文件操作通常遵循打开文件、对文件进行读或写、关闭文件的步骤进行。

### 10.3.1　文件的打开与关闭

1. 文件的打开

在对文件进行读写操作之前，必须先打开文件并使文件指针指向文件，即建立文件指针与文件之间的关联，以便后面通过文件指针对文件进行操作。

文件打开操作使用库函数 fopen( )完成，该函数的一般使用形式为：

文件指针 = fopen （文件名，文件使用方式）；

例如：FILE * fp；

fp = fopen （"d：\aa. txt"，"w"）；

函数说明：

（1）文件名指出要打开文件的路径和文件的名称。

（2）文件使用方式指出文件打开后的使用方式，比如读文件或写文件等操作。

文件使用方式有多种，见表 10 - 1。

表 10 – 1　文件使用方式

| 文件使用方式 | | 功能 | 说明 |
|---|---|---|---|
| 文本文件 | 二进制文件 | | |
| "r" | "rb" | 为读打开文件 | 文件只能读不能写<br>如果文件不存在，打开文件会出错 |
| "w" | "wb" | 为写打开文件 | 文件只能写不能读<br>如果文件不存在，建立文件<br>如果文件存在，覆盖旧文件的内容 |
| "a" | "ab" | 为追加打开文件 | 如果文件不存在，建立文件<br>如果文件存在，在文件尾部追加内容 |
| "r +" | "rb +" | 为读写打开文件 | 改变读写操作时不需要关闭文件和重新打开文件 |
| "w +" | "wb +" | 为读写打开文件 | 文件写操作之后可进行读操作 |
| "a +" | "ab +" | 为读写打开文件 | 在文件尾部追加内容后可进行读操作 |

如果文件打开成功，那么就可以使用文件指针对文件进行操作，而如果文件打开失败，那么文件指针的值为 NULL。通常用下面的代码打开并判断文件打开是否成功：

```
FILE * fp;
fp = fopen("d:\aa.txt","w");
if(fp == NULL)
  {
      printf("can not open the file. \n");
      exit(0); /* 结束程序执行,退出 */
  }
```

2. 文件的关闭

文件的读写操作完成后，必须关闭文件，否则文件中的数据可能会丢失。关闭文件实际上是切断文件指针与文件的联系。

文件关闭操作使用库函数 fclose( )完成，它的一般调用形式为：

fclose（文件指针）;

例如：fclose（fp）;

关闭 fp 指向的文件。文件正常关闭时，函数 fclose( )返回值为 0，否则返回值为非 0 值，这时表示有错误发生。

### 10. 3. 2　文本文件的读写

文本文件的读写操作，必须按文件中字符的先后顺序进行，即只能在操作了第 i 个字符之后，才能操作第 i + 1 个字符。在对文件操作时，文件的读写指针由系统自动向后移动。

C 语言提供了多种文本文件的读写函数，如字符读写函数，和字符串读写函数以及格式化读写函数等。

1. 字符读写函数（fputc( )和fgetc( )）

1）字符写函数fputc( )

函数fputc( )的功能是把一个字符写入指定的文件中，该函数常用的调用形式为：

fputc(ch, fp);

其中，ch为需要写入的字符，可以是字符常量或字符变量；fp为文件指针并且所指向的文件必须以写或读写方式打开。

例如："fputc('a', fp)"；是把字符'a'写入fp所指向的文件中。

2）字符读函数fgetc( )

函数fgetc( )的功能是从指定的文件中读取一个字符，该函数常用的调用形式为：

ch = fgetc(fp);

其从fp所指的文件中读取一个字符并存入字符变量ch中，读取的文件必须是以读或读写方式打开的。

> **提示**：字符读写函数只能读写单个字符，如果要读取或写入整个文件内容，需要循环语句配合。

【例10-2】把从键盘输入的一行字符写入文本文件，再把该文件内容读出显示在屏幕上。

【程序代码】

```c
#include "stdio.h"
main()
{
    FILE * fp;
    char ch;
    if((fp = fopen("str.txt","w +")) == NULL)  /* 打开文件 */
    {
        printf("文件不能打开!");
        exit(0);
    }
    printf("请输入文本文件的内容:\n");
    ch = getchar();
    while(ch! = '\n')/*该循环把输入的内容写入文件 */
    {
    fputc(ch,fp);
    ch = getchar();
    }
    printf("文本文件的内容为:\n");
    rewind(fp);      /*把文件读写位置定位在文件开头 */
    ch = fgetc(fp);      /* 从文件中读取第1个字符 */
    while(ch!= EOF)     /*该循环读取整个文件内容 */
    {
```

```
        putchar(ch);
        ch = fgetc(fp);
    }
    printf("\n");
    fclose(fp); /*关闭文件*/
}
```

执行程序时，输入 "This is a text file."，程序的运行结果如图 10 - 2 所示。

图 10 - 2　【例 10 - 2】的运行结果

程序说明：

(1) EOF 是系统定义的文本文件结束标志，其值为 - 1，当文件读取遇到 EOF 时，说明文件读取完毕。

(2) 本例同时会在磁盘上生成一个名为 "str. txt" 的文本文件，其内容与屏幕输出的结果一致，该文件可在 Windows 环境下打开查看内容。文件 "str. txt" 与源程序文件路径相同。

2. 字符串读写函数（fputs( )和 fgets( )）

1）字符串写函数 fputs( )

fputs( )函数的功能是向指定的文件中写入一个字符串，该函数调用的形式为：

fputs(字符串，文件指针)；

例如：fputs("abcd", fp)；

其把字符串"abcd" 写入 fp 所指的文件之中。其中，字符串可以是字符串常量，也可以是字符数组名或指针变量。

2）字符串读函数 fgets( )

fgets( )函数的功能是从指定的文件中读取一个字符串到字符数组中，函数调用的形式为：

fgets(字符数组，字符串长度，文件指针)；

例如：fgets(str, n, fp)；

其从 fp 所指的文件中读出 n - 1 个字符送入字符数组 str 中并在读取的最后一个字符后加上字符串结束标志'\0'。函数 fgets( )在读出 n - 1 个字符之前，如果遇到了换行符" \n"或 EOF，则结束当前读操作。

【例 10 - 3】在【例 10 - 2】中建立的文本文件 "str. txt" 中追加一个字符串。

【程序代码】

```
#include "stdio.h"
main()
{
    FILE * fp;
```

```
    char ch,st[20];
    if((fp=fopen("str.txt","a+"))==NULL)  /*以追加方式打开文件*/
    {
        printf("文件不能打开!");
        exit(0);
    }
    printf("请输入追加的字符串:\n");
    gets(st);        /*从键盘输入字符串*/
    fputs(st,fp);   /*在文件尾部写入字符串*/
    printf("文本文件的内容为:\n");
    rewind(fp);   /*把文件读写位置定位在文件开头*/
    ch=fgetc(fp);
    while(ch!=EOF)
    {
        putchar(ch);
        ch=fgetc(fp);
    }
    printf("\n");
    fclose(fp);
}
```

执行程序时，输入"This is a string."，程序的运行结果如图 10-3 所示。

图 10-3　【例 10-3】的运行结果

程序说明：

（1）本例要在文件"str.txt"尾部追加一个字符串，因此在程序中以追加方式"a+"打开文件。

（2）本例执行之后，文本文件"str.txt"的内容为"This is a text file. This is a string."，与屏幕输出的结果一致，可在 Windows 环境下打开查看内容。

> **小测验**
> 　如果把本例中的文件打开方式换成"w+"，文件"str.txt"的内容会是什么？

3. 格式化读写函数（fscanf( )和 fprinf( )）

fscanf( )和 fprinf( )两个函数的作用与 scanf( )函数和 printf( )函数几乎一样，差别只在于它们对文件进行输入/输出，而 scanf( )和 printf( )是对终端设备（如键盘、显示器）进行输入/输出。因此使用 fscanf( )和 fprintf( )函数时应该带一个文件指针。

1）fscanf( )函数

函数调用的一般形式为：

fscanf( 文件指针，格式控制字符串，地址表)；

其中，格式控制字符串和地址表的规定和使用方法与 scanf( )函数相同。

例如：fscanf( fp, "％d％f", &i, &x)；

其表示从 fp 所指文件中读取一个整数给变量 i，一个浮点数给变量 x。

> **提示：**fscanf( )函数可以从文件中读取不同类型的数据，使用时必须先明确磁盘上的数据是如何存储的。

2）fprintf( )函数

函数调用的一般形式为：

fprintf( 文件指针，格式控制字符串，输出表列)；

其中，格式控制字符串和输出表列的规定和使用方法与 printf( )函数相同。

例如：fprintf( fp,"％d％c", i, ch)；

其表示将整型变量 i 和字符变量 ch 的值按指定格式输出到 fp 指向的文件中。加入
"i＝8，ch＝'a'"，则输出到磁盘文件上的数据是 8a。

### 10.3.3　二进制文件的读写

二进制文件存储信息的形式与内存中存储信息的形式是一致的，如果需要在内存与磁盘文件之间频繁交换数据，最好采用二进制文件。

二进制文件一般是同类型数据集合，数据之间无分隔符，每个数据所占字节数是一个固定值，因此二进制文件除了可以顺序存取外，还可运用定位函数方便地进行随机存取。

二进制文件的读写操作可用数据块读写函数 fwrite( )和 fread( )完成。

运用数据块读写函数可建立整型、实型、结构体类型等各种类型的二进制文件。

数据块写函数调用的一般形式为：

fwrite( buffer, size, count, fp)；

数据块读函数调用的一般形式为：

fread( buffer, size, count, fp)；

两个函数的参数说明：

（1）buffer 是一个指针，在 fread( )函数中，它表示存放输入数据的首地址；在 fwrite( )函数中，它表示存放输出数据的首地址。

（2）size 表示数据块的字节数。

（3）count 表示要读写的数据块的个数。

（4）fp 为文件指针。

例如：fwrite( fa, 4, 5, fp)；

其作用是将 fa 指向的存储区中 5 个 4 字节（即 1 个实型数据）大小的数据项写入 fp 所指向的文件中。

例如：fread( fa, 4, 5, fp)；

其作用是从 fp 所指的文件中，读取 5 个 4 字节大小的数据，存入 fa 所指的存储区中。

【例 10－4】从键盘输入两个学生的信息（包括姓名、编号、年龄及地址），存入一个

二进制文件中，然后再读出这两个学生的信息显示在屏幕上。

【程序代码】

```c
#include <stdio.h>
struct stu /*定义结构体类型*/
{
    char name[10];
    int num;
    int age;
    char addr[15];
}boya[2],boyb[2],*pp,*qq; /*定义结构体数组和结构体指针*/
main()
{
    FILE *fp;
    char ch;
    int i;
    pp = boya;
    qq = boyb;
    if((fp = fopen("stu_list","wb +")) == NULL)
    {
        printf("文件不能打开!");
        exit(0);
    }
    printf("\n请输入两个学生的信息:\n");
    for(i = 0;i < 2;i ++,pp ++)
        scanf("%s%d%d%s",pp ->name,&pp ->num,&pp ->age,pp ->addr);
    pp = boya;
        /*下面语句把两个学生的信息一次性写入文件*/
    fwrite(pp,sizeof(struct stu),2,fp);
    rewind(fp);
        /*下面语句从文件中读取两个学生的信息*/
    fread(qq,sizeof(struct stu),2,fp);
        /*以下语句输出两个学生的信息*/
    printf(" -------------------------------------- \n");
    printf("\n\n姓名 \t 编号   年龄   地址 \n");
    for(i = 0;i < 2;i ++,qq ++)
        printf("%s\t%4d%5d%s \n",qq ->name,qq ->num,qq ->age,qq ->addr);
    fclose(fp);
}
```

执行程序，输入两名学生的信息后输出结果如图 10-4 所示。

图 10-4 【例 10-4】的输出结果

程序说明：

（1）本例定义了两个结构数组 boya 和 boyb，用于存放学生的信息，又定义了两个结构指针变量 pp 和 qq，pp 指向数组 boya，qq 指向数组 boyb。指针变量的使用给程序处理提供了方便。

（2）本例在磁盘上生成了二进制文件"stu_list"，与文本文件不同，该文件不能直接在 Windows 下打开查看内容。

【例 10-5】文件的随机读写。从键盘输入 10 个整数到二进制文件中，然后修改文件中的第 5 个数为原来的 2 倍，并保存到文件中，输出修改后文件的内容。

【程序代码】

```c
#include"stdio.h"
#define N 10
void mywrite(int *p);
void myread(int *p);
void mymodify();
main()
{
    int i,num[N];
    printf("\n 请输入 10 个数据: ");
    for(i=0;i<N;i++)
        scanf("%d",&num[i]);
    mywrite(num);
    printf("\n 文件中的原始数据为:\n");
    myread(num);
    mymodify();
    printf("\n 修改后的文件数据为:\n");
    myread(num);
}
void mywrite(int *p)/*将数组中的数据写入文件*/
{
    FILE *fp;int *q;
    fp=fopen("list","wb");
```

```
    for(q=p;q<p+N;q++)
      fwrite(q,2,1,fp);
    fclose(fp);

}
void myread(int *p)/*从文件中读取数据*/
{
    FILE *fp;
    int *q;
    fp=fopen("list","rb");
    for(q=p;q<p+N;q++)
    {
        fread(q,2,1,fp);
        printf("%3d",*q);
    }
    printf("\n\n");
    fclose(fp);
}
void mymodify()   /*修改文件中的数据*/
{
    FILE *fp;
    int a=0;
    fp=fopen("list","rb+");
    fseek(fp,4*2,SEEK_SET);/*定位到第5个数的位置*/
    fread(&a,2,1,fp);      /*读操作之后指针自动移至第6个数的位置*/
    printf("\n第5个数是:%d\n",a);
    a*=2;
    fseek(fp,-2,SEEK_CUR);   /*重新定位到第5个数的位置*/
    fwrite(&a,2,1,fp);       /*将数据写入文件*/
    fclose(fp);
}
```

程序的执行过程如图 10-5 所示。

```
请输入10个数据: 1 2 3 4 5 6 7 8 9 10

文件中的原始数据为:
  1 2 3 4 5 6 7 8 9 10


第5个数是: 5

修改后的文件数据为:
  1 2 3 4 10 6 7 8 9 10
```

**图 10-5  程序的执行过程**

程序说明：

（1）二进制文件可以将文件读写指针直接定位到文件的某个位置，然后进行读写操作，即随机读写。

（2）文件定位函数 fseek( )。该函数的功能是把文件定位设置到需要的地方，函数的调用形式为：

fseek(文件指针，位移量，起始点)；

其中，位移量表示移动的字节数，位移量是 long 型数据，可以取正数，也可以取负数。位移量为正数时，其表示将读写指针从起始点向前移动；位移量为负数时，其表示将读写指针从起始点向后移动。

起始点的取值规定有三种：文件首、当前位置和文件尾，具体可用表 10 - 2 中的符号或数字表示。

表 10 - 2　起始点的取值

| 起始点 | 表示符号 | 数字表示 |
| --- | --- | --- |
| 文件首 | SEEK_SET | 0 |
| 当前位置 | SEEK_CUR | 1 |
| 文件末尾 | SEEK_END | 2 |

例如：

"fseek(fp，4 * 2，SEEK_SET)；"是将数据的读取位置定位到距离文件开头第 8 个字节处，即第 5 个数的位置。

"fseek(fp，- 2，SEEK_CUR)；"是将读写指针从当前位置退回 2 个字节。

## 10.4　文件应用实例

【例 10 - 6】建立一个存放学生电话簿的数据文件并读取其中的数据。

【程序代码】

```c
#include"stdio.h"
#define SIZE 3
struct list
{
    char name[10];/* 姓名 */
    long tel;     /* 电话 */
}stu[SIZE];
void main()
{
    FILE * fp;
    char filename[10];
    int i;
```

```
    printf("enter a file name:");/*提供文件名*/
    scanf("%s",filename);
    if((fp = fopen(filename,"w")) == NULL)
    {
        printf("cannot open this file \n");
        return;
    }
    for(i=0;i<SIZE;i++)      /*把数据写入文件*/
    {
        printf("enter student % d:",i+1);
        scanf("%s %ld",stu[i].name,&stu[i].tel);
        fprintf(fp,"%s %ld \n",stu[i].name,stu[i].tel);
    }
    fclose(fp);
    fp = fopen(filename,"r");
    for(i=0;i<SIZE;i++)      /*从文件中读取数据并显示*/
    {
        fscanf(fp,"%s %ld",stu[i].name,&stu[i].tel);
        printf("%10s %10ld \n",stu[i].name,stu[i].tel);
    }
    fclose(fp);
}
```

程序的执行过程（以 3 人为例）如图 10 - 6 所示。

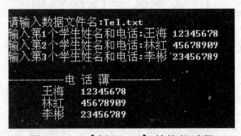

图 10 - 6　【例 10 - 6】的执行过程

在 Windows 下查看文件"tel. txt"的内容如图 10 - 7 所示。

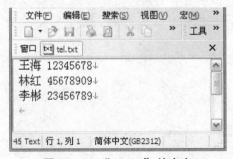

图 10 - 7　"tel. txt"的内容

【例10－7】有 N 个学生，每个学生有 3 门课的成绩，从键盘输入学生数据（包括学号、姓名、3 门课的成绩），计算出平均成绩，并把学生的所有数据存放在磁盘文件"stud" 中。

【程序代码】

```c
#include "stdio.h"
#define N 2
struct student
{
    char num[6];
    char name[8];
    int score[3];
    float avr;
} stu[N],s[N];
main()
{
    int i,j,sum;
    FILE * fp;
     /* 以下用于输入数据并计算平均成绩 */
    for(i=0;i<N;i++)
    {
        printf("\nplease input No.%d score: \n",i +1);
        printf("stuNo: ");
        scanf("%s",stu[i].num);
        printf("name: ");
        scanf("%s",stu[i].name);
        sum =0;
        for(j=0;j<3;j++)
        {
            printf("score%d: ",j +1);
            scanf("%d",&stu[i].score[j]);
            sum +=stu[i].score[j];
        }
        stu[i].avr =sum/3.0;
    }
    fp =fopen("stud","wb");   /* 为写打开二进制文件 */
    for(i=0;i<N;i++)
        fwrite(&stu[i],sizeof(struct student),1,fp);
    fclose(fp); /* 关闭文件 */
    fp =fopen("stud","rb");       /* 为读打开二进制文件 */
```

```
for(i=0;i<N;i++)
    fread(&s[i],sizeof(struct student),1,fp);
    /*以下用于输出学生的各项数据*/
printf(" ------------------------------------ \n");
printf("No. \tName \tScore1 \tScore2 \tScore3 \taverage \n");
for(i=0;i<N;i++)
{printf("%s \t%s \t",s[i].num,s[i].name);
    for(j=0;j<3;j++)
        printf("%d \t",s[i].score[j]);
printf("%.2f \n\n",s[i].avr);
}
printf("\n");
}
```

程序的执行过程如图 10 -8 所示。

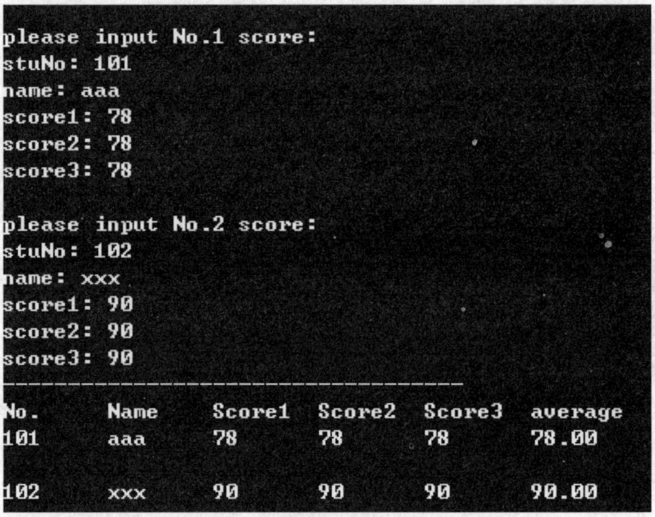

图 10 -8 　【例 10 -7】的执行过程

# 10.5　本章小结

通过本章的学习，读者应掌握以下内容：

（1）文件的用途。文件可以长期存储程序中需要的数据。

（2）文件的概念、文件的分类、各类文件的特点。

（3）文件指针的概念和使用。

（4）文件操作的步骤。文件操作一般是按以下步骤进行的：

①用 fopen( )函数打开文件。文件打开时一定要选择正确的文件读写方式。

②对文件进行读/写操作。

③用 fclose( )函数关闭文件。

对已打开文件的操作是通过文件指针进行的，实际上都是由系统提供的标准读/写函数完成的。

（5）文件读写函数。本章介绍了 fputc( )和 fgetc( )、fputs( )和 fgets( )、fprintf( )和 fscanf( )以及 fwrite( )和 fread( )等多种文件读写函数，应该了解它们的使用方法及使用场合。

（6）文本文件只能顺序读写，而二进制文件既可以顺序读写，也可以随机读写。函数 fseek( )一般用于随机读写时的读写指针定位。

## 10.6  实训

### 实训1

【实训内容】文本文件的读写。

【实训目的】掌握文本文件的打开、关闭及读写操作。

【实训题目】下面源程序文件名为"test. c"，程序执行后将在屏幕上显示自身的内容。阅读程序并上机调式。

【程序代码】

```
#include "stdio.h"
main()
{
    FILE * fp;
    char ch;
    if((fp = fopen("test.c","r")) == NULL)
    {
        puts("can not open file:dd.c");
        exit(0);
    }
    while((ch = getc(fp))!= EOF)
        putchar(ch);
    fclose(fp);
    printf("\n");
}
```

### 实训2

【实训内容】文本文件的读写。

【实训目的】掌握文本文件的打开、关闭及读写操作。

【实训题目】下面程序的功能是将源程序文件"file1. c"的内容输出到屏幕上并复制到文件"file2. c"中。请把程序补充完整，并上机调试。

【程序代码】

```
#include "stdio.h"
main( )
{
    FILE _____;  /* 定义文件指针 */
    fp1 = fopen("file1.c","r");
    fp2 = fopen("file2.c","w");
    while(!feof(fp1))
        putchar(getc(fp1));
    _____;      /* 文件指针定位到文件开头 */
    while(!feof(fp1))
        putc(_____);/* 文件复制 */
    fclose(fp1);
    fclose(fp2);
}
```

程序说明：

（1）文件"file1.c"是已经编辑过的源程序文件。

（2）feof( )为文件结束判断函数，如果文件操作结束（即遇到文件结束符），函数返回值为非0，否则为0。

### 实训3

【实训内容】文件顺序读写。

【实训目的】掌握格式化读写函数 fscanf( )和 fprinf( )的使用。

【实训题目】分析下面的程序输出结果并上机进行验证。

【程序代码】

```
#include "stdio.h"
main( )
{
    FILE * fp;
    int i,k = 0,n = 0;
    fp = fopen("d1.txt","w");
    for(i=1;i<=4;i++)
        fprintf(fp,"% d ",i);
    fclose(fp);
    fp = fopen("d1.txt","r");
    for(i=1;i<=2;i++)
    {
        fscanf(fp,"%d%d",&k,&n);
        printf("%d %d\n",k,n);
```

```
        }
    fclose(fp);
}
```

## 实训 4

【实训内容】二进制数据文件读写。

【实训目的】掌握 fwrite( )与 fread( )函数的应用。

【实训题目】建立一个存放学生电话簿的二进制数据文件并读取其中的数据。阅读程序并上机调试。

【程序代码】

```
#include"stdio.h"
#define N 5
struct tel
{
    char name[20];
    char tel[9];
}in[N],out[N];
void main()
{
    FILE * fp;int i;
    char filename[40];      /* filename 用于存放数据文件名 */
    printf("Please input filename: ");
    gets(filename);
    if((fp = fopen(filename,"wb")) ==NULL)
    {
      printf("Can't open the % s \n",filename);
      return;
    }
    for(i=0;i<N;i++)
      {
        printf("name: ");
        gets(in[i].name);
        printf("tel: ");
        gets(in[i].tel);
      }
    fwrite(in, sizeof(struct tel), 5, fp); /*文件中写入 5 个学生的电话 */
    fclose(fp);
    printf(" --------- TEL. --------- \n");
    fp = fopen(filename,"rb"); /*以读方式打开二进制文件 */
```

```
fread(out,sizeof(struct tel),5,fp); /* 从文件读取 5 个结构体数
据 */
    printf("name telephone\n");
    for(i=0;i<N;i++)
        printf("%-15s%-8s\n",out[i].name,out[i].tel);
    fclose(fp);
}
```

# 习题 10

10-1　下面的程序用变量 count 统计文件中字符的个数。请在画线处填入适当内容。

```
#include "stdio.h"
main()
{
    FILE * fp;
    long count = 0;
    if(( fp = fopen("letter.txt", _____ )) == NULL)
    {
        printf("cannot open file\n");
        exit(0);
    }
    while(!feof(fp))
    {
        _____ ;
        _____ ;
    }
    printf("count = %ld\n",count);
    fclose(fp);
}
```

10-2　编写程序，完成如下功能：从键盘输入一行字符，将其中的小写字母全部转换为大写字母，然后输出到磁盘文件"test1.txt"中保存。

10-3　设文件"number.dat"中存放了一组整数，请编程统计并输出文件中正整数、零和负整数的个数。

习题 10-2
参考答案

习题 10-3
参考答案

10-4 设有以下结构体类型，并且结构体数组 student 中的元素都已有值，若要将这些元素写到硬盘文件 fp 中，请将以下 fwrite 语句补充完整。

```
struct st
{
    char name[8];
    int num;
    float s[4];
} student[50];
fwrite(student, _____,1,fp);
```

10-5 已知学生的数据库包含下列信息：学号（3 位整数）、姓名（8 个字符）、电话号码（8 位整数）。编写程序完成以下功能：

（1）由键盘输入 N 个学生的数据，将其存入文件"test2. txt"；

（2）通过学生姓名查询学生的电话号码。

# 第 11 章

## C 语言程序综合实训

【本章知识要点思维导图】

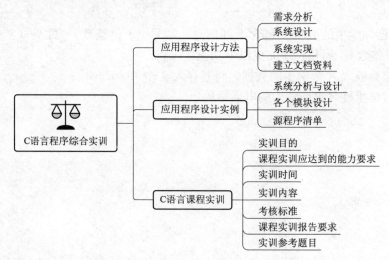

【学习目标】

通过本章的学习，你将能够：

◇掌握应用程序开发的一般步骤；

◇掌握应用程序的设计方法；

◇编写功能较为复杂的应用程序。

【学习内容】

应用程序设计的一般步骤、应用程序设计实例。

## 11.1　应用程序设计方法

程序设计就是针对给定问题进行设计、编写和调试计算机程序的过程。作为一名程序设计者，要想设计好一个程序，除了掌握程序设计语言本身的语法规则外，还要学习程序设计的方法和技巧，并通过不断的实践来提高自己的程序设计能力。

进行应用程序设计时一般遵循以下步骤。

1. 需求分析

在这个环节，根据用户的具体要求进行以下工作：

（1）用户需求分析。务必详细、具体地理解用户要解决的问题，明确为了达到用户的要求和系统的需求，系统必须做什么，系统必须具备哪些功能。

（2）数据及处理分析。通过分析实际问题，了解已知或需要的输入数据、输出数据，需要进行的处理。

（3）可行性分析。要分析用户提出的问题是否值得去解，是否有可行的解决办法。

（4）运行环境分析，即硬件环境和软件环境分析。

对初学者而言，关键是处理好需求分析和数据及处理分析这两方面的工作。

**2. 系统设计**

系统设计可分为总体设计和详细设计。总体设计通常用结构图描绘程序的结构，以确定程序由哪些模块组成以及模块间的关系。

详细设计就是给出问题求解的具体步骤，给出怎样具体地实现各功能模块的描述。

**3. 系统实现**

选择适当的程序设计语言，把详细设计的结果描述出来，即形成源程序，然后上机运行调试源程序，修改发现的错误，直到得出正确的结果。在调试过程中应该精心选择典型数据进行测试，避免因测试数据不妥引起计算偏差和运行错误。

**4. 建立文档资料**

整理分析程序结果，建立相应的文档资料，以便日后对程序进行维护或修改。

## 11.2　应用程序设计实例

开发一个学生成绩管理系统，用于对班级的学生成绩进行处理。班级有 N 个学生，每个学生的信息包括学号、姓名和 3 门课的成绩。

本系统实现的功能要求：

（1）录入学生数据。

（2）显示学生数据。

（3）计算每个学生的平均成绩。

（4）计算各科的平均成绩。

（5）按照学生的平均成绩排序。

**1. 系统分析与设计**

通过分析以上功能描述，可以确定本系统的数据结构和主要功能模块。

**1）定义数据结构**

由于学生的数据包括学号、姓名和 3 门课的成绩，所以决定采用结构体类型来描述，具体定义如下：

```
struct student
{
    char num[6];
    char name[8];
    int score[3];
    float avr;
}
```

**2）程序功能模块**

根据系统功能要求，确定 6 个功能模块，如图 11 - 1 所示，包括录入模块、显示模块、求每个学生的平均成绩的模块、求各科平均成绩的模块、排序模块及显示菜单模块，每个模块对应一个函数，将其分别命名为 creat、show、average、allaverage、sort、showmenu。

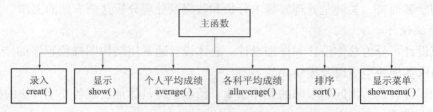

图 11-1　学生管理系统功能模块

2. 各个模块设计

（1）主界面设计。为了使程序界面清晰，主界面采用菜单设计，以便于用户选择执行，如图 11-2 所示。

图 11-2　主界面

（2）数据录入模块。本模块的功能是从键盘输入 N 个学生数据（包括学号、姓名、3门课的成绩）并将其存放到磁盘文件" stud" 中，" stud" 为二进制数据文件，用函数 fread( ) 和 fwrite( ) 完成读写操作。数据录入界面如图 11-3 所示。

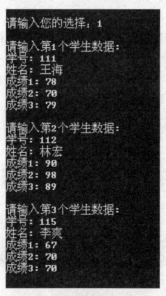

图 11-3　数据录入界面

（3）显示学生数据模块。从磁盘文件中读取学生数据，以表格形式显示到屏幕上。显示格式如图11－4所示。

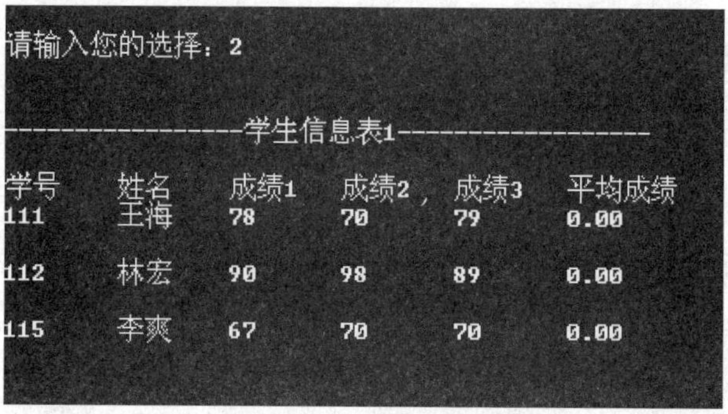

```
请输入您的选择：2

-----------------学生信息表1-----------------
学号    姓名    成绩1    成绩2 ，  成绩3    平均成绩
111     王海    78       70        79       0.00

112     林宏    90       98        89       0.00

115     李爽    67       70        70       0.00
```

图11－4　显示格式

执行此模块时，还没有计算平均成绩，因此信息表中的平均成绩均为0。

（4）计算每个学生的平均成绩的模块。从磁盘文件读取学生数据，计算每个人的平均成绩后输出，如图11－5所示。

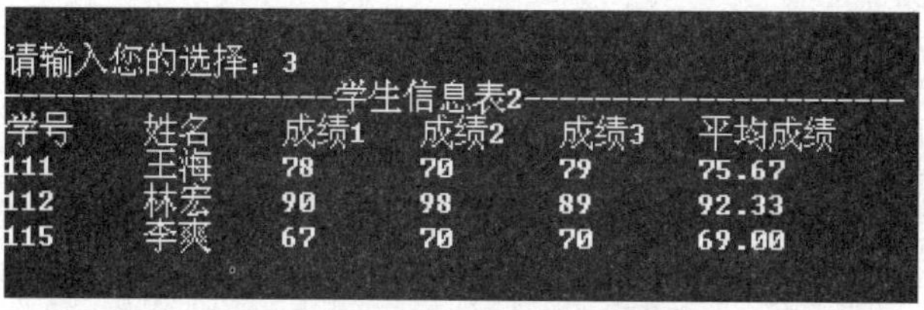

```
请输入您的选择：3
-------------------学生信息表2-------------------
学号    姓名    成绩1    成绩2    成绩3    平均成绩
111     王海    78       70       79       75.67
112     林宏    90       98       89       92.33
115     李爽    67       70       70       69.00
```

图11－5　计算显示平均成绩

（5）计算各科平均成绩的模块。从磁盘文件读取学生数据，计算各科平均成绩后直接输出，如图11－6所示。

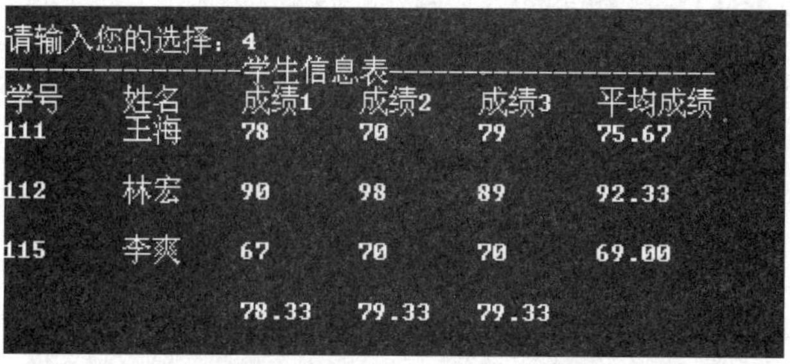

```
请输入您的选择：4
---------------学生信息表-------------------
学号    姓名    成绩1    成绩2    成绩3    平均成绩
111     王海    78       70       79       75.67

112     林宏    90       98       89       92.33

115     李爽    67       70       70       69.00

                78.33    79.33    79.33
```

图11－6　计算并显示各科平均成绩

（6）按照学生的平均成绩排序的模块。从磁盘文件读取学生数据，按照平均成绩从高到低排序后输出结果，如图11－7所示。

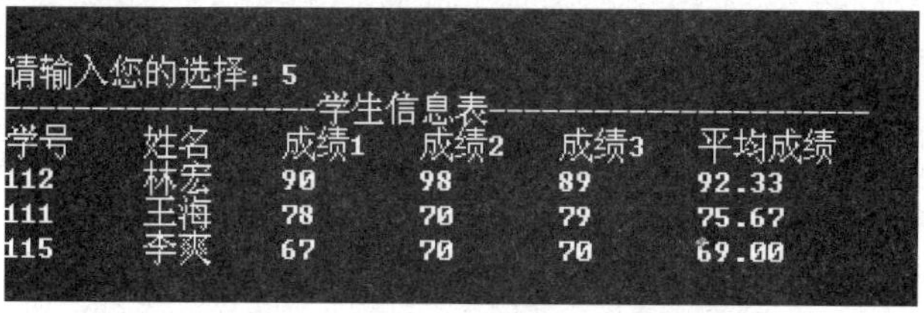

```
请输入您的选择：5
-----------------学生信息表-------------------
学号    姓名    成绩1    成绩2    成绩3    平均成绩
112     林宏    90       98       89       92.33
111     王海    78       70       79       75.67
115     李爽    67       70       70       69.00
```

图11－7　按平均成绩的高低排序

**3. 源程序清单**

```c
#include"stdio.h"
#include"string.h"
#define N 3      /*以3个学生为例*/
struct student
{
    char num[6];
    char name[8];
    int score[3];
    double av;
} stu[N],s[N];
void creat()/*录入学生的原始数据并写入磁盘文件*/
{
    int i,j,sum;
    FILE * fp;
    for(i =0;i <N;i ++)
    {
        printf("\n请输入第%d个学生数据:\n",i +1);
        printf("学号: ");
        scanf("%s",stu[i].num);
        printf("姓名: ");
        scanf("%s",stu[i].name);
        sum =0;
        for(j=0;j<3;j++)
        {
            printf("成绩%d: ",j +1);
            scanf("%d",&stu[i].score[j]);
        }
    }
    fp =fopen("stud","wb"); /*文件写操作*/
    for(i=0;i<N;i++)
        fwrite(&stu[i],sizeof(struct student),1,fp);
    fclose(fp);
}
void show()      /*从磁盘文件读取学生数据并显示*/
{
    int i,j;
    FILE * fp;
    fp =fopen("stud","rb");
```

```
    for(i=0;i<N;i++)
        fread(&s[i],sizeof(struct student),1,fp);/*读磁盘文件*/
    printf("\n\n-------------- 学生信息表 1 -------------- \n\n");
    printf("学号 \t 姓名 \t 成绩 1 \t 成绩 2 \t 成绩 3 \t 平均成绩 \n");

    for(i=0;i<N;i++)
    {printf("%s \t%s \t",s[i].num,s[i].name);
     for(j=0;j<3;j++)
        printf("%d \t",s[i].score[j]);
     printf("%.2lf \n",stu[i].av);
     printf("\n");
    }
    fclose(fp);
}
void average()  /*计算每个学生的平均成绩并输出*/
{
    int i,j,sum;
    FILE * fp;
    fp = fopen("stud","rb");
    for(i=0;i<N;i++)
        fread(&stu[i],sizeof(struct student),1,fp);
    for(i=0;i<N;i++)
    {
        sum = 0;
        for(j=0;j<3;j++)
            sum += stu[i].score[j];
        stu[i].av = sum/3.0;
    }
    printf(" -------------------- 学生信息表 2 ---------------------- \n");
    printf("学号 \t 姓名 \t 成绩 1 \t 成绩 2 \t 成绩 3 \t 平均成绩 \n");
    for(i=0;i<N;i++)
    {printf("%s \t%s \t",stu[i].num,stu[i].name);
        for(j=0;j<3;j++)
            printf("%d \t",stu[i].score[j]);
     printf("%.2lf \n",stu[i].av);
    }
    for(i=0;i<N;i++)
        fwrite(&stu[i],sizeof(struct student),1,fp);
    printf("\n\n");
```

```
    fclose(fp);
}
void allaverage()  /*计算各科的平均成绩并输出*/
{
    int i,j,sum;
    double all[3];
    FILE * fp;
    fp = fopen("stud","rb");
    for(i=0;i<N;i++)
        fread(&stu[i],sizeof(struct student),1,fp);
    for(i=0;i<3;i++)
    {
        sum = 0;
        for(j=0;j<N;j++)
            sum += stu[j].score[i];
        all[i]=(double)sum/N;
    }
    printf(" ---------------- 学生信息表 ----------------------- \n");
    printf("学号\t姓名\t成绩1\t成绩2\t成绩3\t平均成绩\n");
    for(i=0;i<N;i++)
    {printf("%s\t%s\t",stu[i].num,stu[i].name);
        for(j=0;j<3;j++)
            printf("%d\t",stu[i].score[j]);
     printf("%.2lf\n\n",stu[i].av);
    }
    printf("  \t  \t");/*输出各科平均成绩*/
    for(i=0;i<3;i++)
      printf("%.2lf\t",all[i]);

    printf("\n\n");
    fclose(fp);
}
void sort()     /*按个人平均成绩高低排序*/
{
    int i,j,k,t=0;
    double temp = 0;
    char str[10] = "";
    for(i=0;i<N-1;i++)  /*排序*/
      for(j=i+1;j<N;j++)
```

```
            if(s[i].av<s[j].av)
            {   temp=s[i].av;
                s[i].av=s[j].av;
                s[j].av=temp;
                strcpy(str,s[i].num);
                strcpy(s[i].num,s[j].num);
                strcpy(s[j].num,str);
                strcpy(str,s[i].name);
                strcpy(s[i].name,s[j].name);
                strcpy(s[j].name,str);
                for(k=0;k<3;k++)
              {
                 t=s[i].score[k];
                 s[i].score[k]=s[j].score[k];
                 s[j].score[k]=t;
              }
            }
    printf(" ------------------`-学生信息表 ----------------------- \n");
    printf("学号 \t 姓名 \t 成绩 1 \t 成绩 2 \t 成绩 3 \t 平均成绩 \n");
    for(i=0;i<N;i++)
    {
        printf("%s \t%s \t",s[i].num,s[i].name);
        for(j=0;j<3;j++)
          printf("%d \t",s[i].score[j]);
        printf("%.21f \n",s[i].av);
    }
    printf(" \n \n");


}
void showmenu()   /*显示菜单*/
{
    printf(" \n    学生成绩管理系统           \n");
    printf(" \n =============================== \n");
    printf("         1．录入学生数据          \n");
    printf("         2．显示学生数据          \n");
    printf("         3．计算学生平均成绩       \n");
    printf("         4．计算各科平均成绩       \n");
    printf("         5．排名                  \n");
    printf("         0．退出系统              \n");
```

```
        printf(" ================================== \n");
        printf("\n 请输入您的选择:");
}
main()/*主控程序*/
{
        int choice;
        showmenu();
        scanf("%d",&choice);
        while(choice!=0)    /*选择0退出*/
        {
            switch(choice)
            {
            case 1:creat();break;
            case 2:show();break;
            case 3:average();break;
            case 4:allaverage();break;
            case 5:sort();break;
            }
            showmenu();
            scanf("%d",&choice);
        }
}
```

程序说明：

本学生管理系统是一个示例性质的管理信息系统，其功能简单，实现的技术也有欠缺。不过本例旨在抛砖引玉，相信各位读者经过不断的学习，能开发出完善的应用程序。

## 11.3　C语言课程实训

1. 实训目的

课程实训针对本课程所学知识进行综合性的实践训练。通过编制 C 语言程序，熟练掌握 C 语言程序设计的方法，理解 C 语言的语法规则、编程思想，掌握程序的运行、调试方法，培养学生分析问题、解决问题的能力。

2. 课程实训应达到的能力要求

（1）语法规则应用能力。

（2）算法设计能力。

（3）程序代码编写能力。

（4）程序运行、调试的能力。

（5）文档编写能力。

3. 实训时间

实训时间为一周，共计 30 学时，要求一人一机。

4. 实训内容

课程实训主要从以下方面对学生进行训练：

（1）顺序结构、选择结构、循环结构。

（2）模块化程序设计。

（3）数组的应用。

（4）指针的使用。

（5）结构体的应用。

（6）文件的应用。

实训题目分为单项训练和综合训练。综合训练题目为每人必做项目，单项训练题目针对每个学生的学习情况专门设计，这样安排的目的是为了发挥每个学生的能动性。

5. 考核标准

要求每个学生独立完成单项训练和综合训练题目，编写的程序代码能够正常运行并上传到指定的 ftp。成绩按下面几个方面评定：

（1）程序是否能正常运行；

（2）程序能否完成题目所提出的功能要求；

（3）人机界面是否友好；

（4）是否在规定时间内独立完成。

（5）实训报告是否内容准确、格式规范。

6. 课程实训报告的要求

（1）采用统一封面。

（2）正文内容应包括：设计题目、算法描述、程序代码（主要代码要加注释）、运行记录。

（3）进行实训总结。

（4）打印实训报告。

7. 实训参考题目

【综合训练】

学生电话簿链表管理程序。程序功能要求：

（1）电话簿数据包括姓名和电话号码两项。

（2）完成电话簿文件的建立、输出、查询、删除和插入 5 个功能。

（3）设计程序功能菜单。

（4）采用模块化程序设计，程序包含 1 个主模块、5 个子模块。

（5）注意人机界面的友好设计。

【单项训练】

1. 编写一个课表查询菜单程序，由键盘输入数字 1 ~ 5 中的任意值时，在屏幕显示出相应的星期一到星期五的课表，输入 0 时退出菜单程序，输入 0 ~ 5 外的数时要求重新输入，菜单格式要求如下：

课表查询菜单

————————————

   0. 退 出

   1. 星期一

   2. 星期二

   3. 星期三

   4. 星期四

   5. 星期五

————————————

请选择（0~5）：1↙

星期一：（1-2）英语 、（3-4）数学、（5-6）电路

请选择（0~5）：2↙

…

请选择（0~5）：0↙

谢谢查询，再见！

2. 算术测试程序。该程序用来测试小学生的加减运算能力。运行界面如下：

请输入试题数量：3

22 - 77 = -55

正确！

85 + 21 = 106

正确！

86 - 24 = 60

错误！答案为：62

总共 3 道题，做对 2 题，正确率为 67%

3. 用户登录程序。提示用户输入用户名和密码，判断是否为合法用户（假设合法的用户名是 "abc"，密码是 "123456"），如果合法，显示 "welcome to use the software"，否则要求重新输入，允许输入 3 次，若 3 次都错，显示 "password error! you can not use software"。

4. 有 11 个国家在我国进行某项体育比赛，依规定入场式时除东道主走在最后外，其他国家依国名的英语字母顺序排列，请编写程序完成此功能。

11 个国家为：Thailan、Singapore、Laos、Burma、China、India、Nepal、Japan、Mongolia、Egypt、Indonesia。

5. 编写程序计算两个矩阵的和，各元素的值由随机函数产生。两个矩阵相加是对应元素相加。要求使用函数完成。

6. 评分统计程序。共有 8 个评委打分，统计时去掉一个最高分和一个最低分，其余 6 个分数的平均分即最后得分，得分精确到 1 位整数、2 位小数。

7. 某班有 40 名学生，期终考 4 门课程。求每个学生的总成绩，并按总成绩由高分到低分输出。每个学生的情况包括学号、姓名、4 门课程的成绩、总成绩、名次。输出格式如下：

软件 XXXX 班学生成绩一览表

==================================================================

学号　姓名　C 语言　VB　数据库　操作系统　总成绩　名次

8. 编写程序，计算 100 和 1000 之间的特殊数。

（1）素数；（2）回文数；（3）完数；（4）水仙花数。

要求：（1）采用模块化程序设计方法。

（2）菜单设计格式如下：

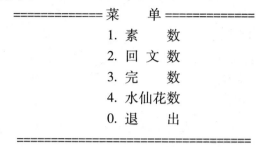

```
============= 菜     单 =============
              1. 素       数
              2. 回 文 数
              3. 完       数
              4. 水仙花数
              0. 退       出
==================================
```

9. 输入 10 本书的书名和单价，按照单价的升序进行排序后输出。

输入格式如下：

    please enter book name and price. book 1 ：xx xxx

                        ⋯⋯ 2 ：xx xxx

                        ⋯⋯

                        ⋯⋯ 10 ：xx xxx

输出格式如下：

    ———————   BOOK   LIST   ———————

    ⋯⋯⋯⋯⋯⋯⋯

10. 现在有教师（姓名、单位、住址、职称）和学生（姓名、班级、住址、入学成绩）的信息。请输入 10 名教师和学生的原始信息，然后按姓名排序，再按排序后的顺序输出两张信息表。注意输出表的格式。

11. 某公司采用公用电话传递数据，总共 10 个数据，每个数据是个四位的整数，在传递过程中是加密的，加密规则如下：每位数字都加上 5，然后用和除以 10 的余数代替该数字，再将第一位和第四位交换，第二位和第三位交换。

要求从键盘提供 10 个原始数据，输出加密后的数据。

12. 设某个班共有 40 个学生，期末考试有 5 门课程，编制程序评定学生的奖学金。要求输出一、二等奖学金学生的学号和各门课的成绩。

奖学金评定标准是：总成绩超过全班总平均成绩的 20% 发给一等奖学金，超过全班总平均成绩的 10% 发给二等奖学金。

13. 设有 50 个学生档案（学号、姓名、年龄、5 门课的成绩）。编制程序，读取每个学生的档案数据，然后计算出每个学生的总成绩和平均成绩，最后将所有平均成绩高于总平均成绩的学生档案输出。

14. 电话簿中每个人的数据由姓名和电话号码两项组成。设计一个结构体数组来表示电话簿，读取每个人的数据并按姓名排序，然后等待用户输入一个电话号码，如果电话簿中有此号码，则输出相应的用户信息，否则输出此号是空号的信息。

15. 同学录管理程序。要求可以实现录入、排序、查询及修改功能。同学录信息包括学号、姓名和联系电话。

16. 调用随机函数产生 0 到 29 之间的随机数：（1）在数组中存入 10 个互不重复的整

数；（2）按从小到大的顺序排序并输出；（3）任意输入一个数，并插入到数组中，使数组仍保持有序，输出插入后的数组；（4）任意输入一个0到9之间的整数k，删除a[k]后，输出删除后的数组。

要求：以上功能均用函数完成，主函数功能为显示以下菜单，并根据选择调用相应的函数：

======= 数组处理程序 =======

     1. 产生数组中的值

     2. 数组排序

     3. 数组插入操作

     4. 数组删除操作

     0. 退出

==========================

请输入选择（0~4）×✓

17. 职工信息管理系统。

（1）职工信息包括职工号、姓名、性别、出生年月、学历、职务、工资、住址、电话等（职工号不重复）。

（2）程序的基本功能如下：

①系统以菜单方式工作；

②职工信息录入功能（职工信息用文件保存）；

③职工信息浏览功能；

④查询功能（至少一种查询方式），如按职工号查询、按职务查询等；

⑤排序功能；

⑥职工信息的删除、修改功能。

18. 飞机订票系统。

（1）假定民航机场共有n个航班，每个航班有一航班号、确定的航线（起始站、终点站）、确定的飞行时间（星期几）和一定的乘客定额。

（2）程序的基本功能如下：

①系统以菜单方式工作；

②航班信息录入功能（航班信息用文件保存）；

③航班信息浏览功能；

④查询航线（至少一种查询方式），如按航班号查询、按时间查询等；

⑤承办订票和退票业务。

19. 学生选修课程系统。

（1）假定有n门课程，每门课程有课程编号、课程名称、课程性质、总学时、授课学时、实验学时、学分等信息，学生可按要求（如总学分不得少于60）自由选课。

（2）程序的基本功能如下：

①系统以菜单方式工作；

②课程信息录入功能（课程信息用文件保存）；

③课程信息浏览功能；

④查询功能（至少一种查询方式），如按学分查询、按总学时查询等；

⑤学生选修课程。

20. 工资管理系统。

（1）设计一个能够记录公司员工工资的数据结构（如员工号、姓名、基本工资、补贴金额、奖励金额、扣除金额、实发工资等）。

（2）程序的基本功能如下：

①系统以菜单方式工作；

②员工工资信息录入功能（工资信息用文件保存）；

③查询（至少一种查询方式），如按员工号查询、按姓名查询等；

④删除员工信息；

⑤修改员工信息；

⑥输出所有员工的实发工资的总金额和平均金额。

# 附录 A 常用字符与 ASCII 码对照表

常用字符与 ASCII 码见附表1。

**附录 1 常用字符与 ASCII 码对照表**

| 字符 | 十进制 | 十六进制 | 字符 | 十进制 | 十六进制 | 字符 | 十进制 | 十六进制 |
|---|---|---|---|---|---|---|---|---|
| ht | 9 | 09 | ? | 63 | 3F | ´ | 96 | 60 |
| nl | 10 | 0A | @ | 64 | 40 | a | 97 | 61 |
| sp | 32 | 20 | A | 65 | 41 | b | 98 | 62 |
| ! | 33 | 21 | B | 66 | 42 | c | 99 | 63 |
| " | 34 | 22 | C | 67 | 43 | d | 100 | 64 |
| # | 35 | 23 | D | 68 | 44 | e | 101 | 65 |
| $ | 36 | 24 | E | 69 | 45 | f | 102 | 66 |
| % | 37 | 25 | F | 70 | 46 | g | 103 | 67 |
| & | 38 | 26 | G | 71 | 47 | h | 104 | 68 |
| ` | 39 | 27 | H | 72 | 48 | i | 105 | 69 |
| ( | 40 | 28 | I | 73 | 49 | j | 106 | 6A |
| ) | 41 | 29 | J | 74 | 4A | k | 107 | 6B |
| * | 42 | 2A | K | 75 | 4B | l | 108 | 6C |
| + | 43 | 2B | L | 76 | 4C | m | 109 | 6D |
| , | 44 | 2C | M | 77 | 4D | n | 110 | 6E |
| − | 45 | 2D | N | 78 | 4E | o | 111 | 6F |
| . | 46 | 2E | O | 79 | 4F | p | 112 | 70 |
| / | 47 | 2F | P | 80 | 50 | q | 113 | 71 |
| 0 | 48 | 30 | Q | 81 | 51 | r | 114 | 72 |
| 1 | 49 | 31 | R | 82 | 52 | s | 115 | 73 |
| 2 | 50 | 32 | S | 83 | 53 | t | 116 | 74 |
| 3 | 51 | 33 | T | 84 | 54 | u | 117 | 75 |
| 4 | 52 | 34 | U | 85 | 55 | v | 118 | 76 |
| 5 | 53 | 35 | V | 86 | 56 | w | 119 | 77 |
| 6 | 54 | 36 | W | 87 | 57 | x | 120 | 78 |

| 字符 | 十进制 | 十六进制 | 字符 | 十进制 | 十六进制 | 字符 | 十进制 | 十六进制 |
|------|--------|----------|------|--------|----------|------|--------|----------|
| 7 | 55 | 37 | X | 88 | 58 | y | 121 | 79 |
| 8 | 56 | 38 | Y | 89 | 59 | z | 122 | 7A |
| 9 | 57 | 39 | Z | 90 | 5A | { | 123 | 7B |
| : | 58 | 3A | [ | 91 | 5B | \| | 124 | 7C |
| ; | 59 | 3B | \ | 92 | 5C | } | 125 | 7D |
| < | 60 | 3C | ] | 93 | 5D | ~ | 126 | 7E |
| = | 61 | 3D | ^ | 94 | 5E | – | – | – |
| > | 62 | 3E | _ | 95 | 5F | – | – | – |

备注：表中的前三个分别代表水平制表符（Tab）、换行（Enter）、空格。

# 附录 B  C语言的库函数

**1. 数学函数**

使用数学函数（附表2）时，应该在源文件中使用命令：#include "math. h"。

附表2  数学函数

| 函数名 | 函数原型 | 功能 | 返回值 |
|---|---|---|---|
| exp | double exp( double x) | 求 $e^x$ 的值 | 计算结果 |
| fabs | double fabs( double x) | 求 x 的绝对值 | 计算结果 |
| floor | double floor( double x) | 求不大于 x 的最大整数 | 该整数的双精度实数 |
| fmod | double fmod( double x, double y) | 求整除 x/y 的余数 | 返回余数的双精度实数 |
| pow | double pow( double x, double y) | 求 $x^y$ 的值 | 计算结果 |
| sqrt | double sqrt( double x) | 计算 $\sqrt{x}$，x≥0 | 计算结果 |

**2. 字符函数**

在使用字符函数（附表3）时，应该在源文件中使用命令：#include "ctype. h"。

附表3  字符函数

| 函数名 | 函数原型 | 功能 | 返回值 |
|---|---|---|---|
| isalnum | int isalnum( int ch) | 检查 ch 是否字母或数字 | 是字母或数字返回1，否则返回0 |
| isalpha | int isalpha( int ch) | 检查 ch 是否字母 | 是字母返回1，否则返回0 |
| isdigit | int isdigit( int ch) | 检查 ch 是否数字 | 是数字返回1，否则返回0 |
| islower | int islower( int ch) | 检查 ch 是否小写字母（a~z） | 是小字母返回1，否则返回0 |
| isspace | int isspace( int ch) | 检查 ch 是否空格、跳格符（制表符）或换行符 | 是，返回1，否则返回0 |
| issupper | int isalsupper( int ch) | 检查 ch 是否大写字母（A~Z） | 是大写字母返回1，否则返回0 |
| tolower | int tolower( int ch) | 将 ch 字符转换为小写字母 | 返回 ch 对应的小写字母 |
| toupper | int touupper( int ch) | 将 ch 字符转换为大写字母 | 返回 ch 对应的大写字母 |

**3. 字符串函数**

在使用字符串函数（附表4）时，应该在源文件中使用命令：#include "string. h"。

**附表 4   字符串函数**

| 函数名 | 函数和形参类型 | 功能 | 返回值 |
|---|---|---|---|
| strcat | char * strcat( char * str1, char * str2) | 把字符串 str2 接到字符串 str1 后面, 取消原来字符串 str1 最后面的串结束符'\0' | 返回 str1 |
| strcmp | int * strcmp( char * str1, char * str2) | 比较字符串 str1 和 str2 | str1 < str2, 为负数<br>str1 = str2, 返回 0<br>str1 > str2, 为正数 |
| strcpy | char * strcpy( char * str1, char * str2) | 把字符串 str2 指向的字符串拷贝到字符串 str1 中去 | 返回 str1 |
| strlen | unsigned int strlen ( char * str) | 统计字符串 str 中字符的个数 (不包括终止符'\0') | 返回字符个数 |

**4.** 输入/输出函数

在使用输入/输出函数 (附表 5) 时, 应该在源文件中使用命令: #include "stdio. h"。

**附表 5   输入/输出函数**

| 函数名 | 函数原型 | 功能 | 返回值 |
|---|---|---|---|
| eof | int eof( int fp) | 判断 fp 所指的文件是否结束 | 文件结束返回 1, 否则返回 0 |
| fclose | int fclose( FILE * fp) | 关闭 fp 所指的文件, 释放文件缓冲区 | 关闭成功返回 0, 不成功返回非 0 |
| feof | int feof( FILE * fp) | 检查文件是否结束 | 文件结束返回非 0, 否则返回 0 |
| fgets | char * fgets( char * buf, int n, FILE * fp) | 从 fp 所指的文件读取一个长度为 (n - 1) 的字符串, 存入起始地址为 buf 的空间 | 返回地址 buf; 若遇文件结束或出错则返回 EOF |
| fgetc | int fgetc( FILE * fp) | 从 fp 所指的文件中取得下一个字符 | 返回所得到的字符; 出错则返回 EOF |
| fopen | FILE * fopen( char * filename, char * mode) | 以 mode 指定的方式打开名为 filename 的文件 | 成功, 则返回一个文件指针; 否则返回 0 |
| fprintf | int fprintf( FILE * fp, char * format, args, …) | 把 args 的值以 format 指定的格式输出到 fp 所指的文件中 | 实际输出的字符数 |
| fputc | int fputc( char ch, FILE * fp) | 将字符 ch 输出到 fp 所指的文件中 | 成功则返回该字符; 出错返回 EOF |
| fputs | int fputs( char str, FILE * fp) | 将 str 指定的字符串输出到 fp 所指的文件中 | 成功则返回 0; 出错则返回 EOF |
| fread | int fread( char * pt, unsigned size, unsigned n, FILE * fp) | 从 fp 所指定文件中读取长度为 size 的 n 个数据项, 存到 pt 所指向的内存区 | 返回所读的数据项个数, 若文件结束或出错返回 0 |

续表

| 函数名 | 函数原型 | 功能 | 返回值 |
|---|---|---|---|
| fscanf | int fscanf(FILE * fp, char * format, args, …) | 从 fp 指定的文件中按给定的 format 格式将读入的数据送到 args 所指向的内存变量中（args 是指针） | 以输入的数据个数 |
| fseek | int fseek (FILE * fp, long offset, int base) | 将 fp 指定的文件的位置指针移到 base 所指出的位置为基准、以 offset 为位移量的位置 | 返回当前位置；否则，返回 −1 |
| fwrite | int fwrite(char * ptr, unsigned size, unsigned n, FILE * fp) | 把 ptr 所指向的 n * size 个字节输出到 fp 所指向的文件中 | 返回写到 fp 文件中的数据项的个数 |
| getc | int getc(FILE * fp) | 从 fp 所指向的文件中读出下一个字符 | 返回读出的字符；若文件出错或结束返回 EOF |
| getchar | int getchat(void) | 从标准输入设备中读取下一个字符 | 返回字符；若文件出错或结束返回 −1 |
| gets | char * gets(char * str) | 从标准输入设备中读取字符串存入 str 指向的数组 | 成功返回 str，否则返回 NULL |
| printf | int printf(char * format, args, …) | 在 format 指定的字符串的控制下，将输出列表 args 到标准设备 | 输出字符的个数；若出错返回负数 |
| putchar | int putchar(char ch) | 把字符 ch 输出到 fp 标准输出设备 | 返回换行符；若失败返回 EOF |
| puts | int puts(char * str) | 把 str 指向的字符串输出到标准输出设备；将'\0'转换为回车行 | 返回换行符；若失败返回 EOF |
| rewind | void rewind(FILE * fp) | 将 fp 指定的文件指针置于文件头，并清除文件结束标志和错误标志 | 无 |
| scanf | int scanf(char * format, args, …) | 从标准输入设备按 format 指示的格式字符串规定的格式，输入数据给 args 所指示的单元，args 为指针 | 读入并赋给 args 数据个数；如文件结束返回 EOF；若出错返回 0 |

**5. 动态存储分配函数**

在使用动态存储分配函数（附表6）时，应该在源文件中使用命令：#include "stdlib. h"。

附表 6　动态存储分配函数

| 函数名 | 函数原型 | 功能 | 返回值 |
|---|---|---|---|
| callloc | void * calloc(unsigned n, unsigned size) | 分配 n 个数据项的内存连续空间，每个数据项的大小为 size | 分配内存单元的起始地址；若不成功，返回 0 |
| free | void free(void * p) | 释放 p 所指内存区 | 无 |
| malloc | void * malloc(unsigned size) | 分配 size 字节的内存区 | 所分配的内存区地址，如内存不够，返回 0 |

**6.** 其他函数

"其他函数"（附表7）是 C 语言的标准库函数，由于不便归入某一类，所以单独列出。使用这些函数时，应该在源文件中使用命令：#include "stdlib. h"。

附表7　其他函数

| 函数名 | 函数原型 | 功能 | 返回值 |
|---|---|---|---|
| abs | int abs( int num) | 计算整数 num 的绝对值 | 计算结果 |
| atof | double atof( char * str) | 将 str 指向的字符串转换为一个 double 型的值 | 返回双精度计算结果 |
| atoi | int atoi( char * str) | 将 str 指向的字符串转换为一个 int 型的值 | 返回转换结果 |
| exit | void exit( int status) | 中止程序运行，将 status 的值返回调用的过程 | 无 |
| rand | int rand( ) | 产生 0 到 RAND_MAX 之间的伪随机数，RAND_MAX 在头文件中定义 | 返回一个伪随机（整）数 |
| random | int random( int num) | 产生 0 到 num 之间的随机数 | 返回一个随机（整）数 |
| randomize | void randomize( ) | 初始化随机函数，使用时包括头文件" time. h" | — |

# 附录 C 运算符的优先级和结合性

运算符的优先级和结合性见附表8。

**附表8 运算符的优先级和结合性**

| 优先级 | 运算符 | 含义 | 对象个数 | 结合方向 |
|---|---|---|---|---|
| 1 | ( ) | 圆括号 | — | 自左至右 |
| | [ ] | 下标运算符 | | |
| | -> | 指向结构体成员运算符 | | |
| | . | 结构体成员运算符 | | |
| 2 | ! | 逻辑非运算符 | 单目运算 | 自右至左 |
| | ~ | 按位取反运算符 | | |
| | ++ | 自增运算符 | | |
| | – – | 自减运算符 | | |
| | – | 负号运算符 | | |
| | ( type ) | 类型转换运算符 | | |
| | * | 指针运算符 | | |
| | & | 取地址运算符 | | |
| | sizeof | 长度运算符 | | |
| 3 | * | 乘法运算符 | 双目运算 | 自左至右 |
| | / | 除法运算符 | | |
| | % | 求余运算符 | | |
| 4 | + | 加法运算符 | 双目运算 | 自左至右 |
| | – | 减法运算符 | | |
| 5 | << | 左移运算符 | 双目运算 | 自左至右 |
| | >> | 右移运算符 | | |
| 6 | <、<=、>、>= | 关系运算符 | 双目运算 | 自左至右 |
| 7 | == | 等于运算符 | 双目运算 | 自左至右 |
| | != | 不等于运算符 | | |
| 8 | & | 按位与运算符 | 双目运算 | 自左至右 |
| 9 | ∧ | 按位异或运算符 | 双目运算 | 自左至右 |

| 优先级 | 运算符 | 含义 | 对象个数 | 结合方向 |
|---|---|---|---|---|
| 10 | | | 按位或运算符 | 双目运算 | 自左至右 |
| 11 | && | 逻辑与运算符 | 双目运算 | 自左至右 |
| 12 | ‖ | 逻辑或运算符 | 双目运算 | 自左至右 |
| 13 | ? : | 条件运算符 | 三目运算 | 自右至左 |
| 14 | =、 +=、 >>=、 & = | 赋值运算符 | 双目运算 | 自右至左 |
| 15 | , | 逗号运算符（顺序求值） | — | 自左至右 |

# 附录 D  C 语言的常用关键字

C 语言的常用关键字见附表9。

**附表9  C 语言的常用关键字**

| 关键字类别 | | 关键字 | 说明 |
|---|---|---|---|
| 基本数据类型关键字 | | void | 空类型，声明函数无返回值或无参数或声明无类型指针，显式丢弃运算结果 |
| | | char | 字符型数据，属于整型数据的一种 |
| | | int | 整型数据，通常为编译器指定的机器字长 |
| | | float | 单精度浮点型数据，属于浮点数据的一种 |
| | | double | 双精度浮点型数据，属于浮点数据的一种 |
| 类型修饰关键字 | | short | 修饰 int，短整型数据，可省略被修饰的 int |
| | | long | 修饰 int，长整形数据，可省略被修饰的 int |
| | | signed | 修饰整型数据，有符号数据类型 |
| | | unsigned | 修饰整型数据，无符号数据类型 |
| 复杂类型关键字 | | struct | 声明结构体 |
| | | union | 声明共用体 |
| | | enum | 声明枚举类型 |
| | | typedef | 声明类型别名 |
| | | sizeof | 计算某个类型或变量的字节数 |
| 存储级别关键字 | | auto | 自动变量，由编译器自动分配及释放 |
| | | static | 指定为静态变量，分配在静态变量区 |
| | | register | 指定为寄存器变量 |
| | | extern | 指定对应变量为外部变量 |
| 流程控制关键字 | 跳转结构 | return | 用在函数体中，返回特定值（或者 void 值，即不返回值） |
| | | continue | 结束当前循环，开始下一轮循环？ |
| | | break | 跳出当前循环或 switch 结构 |
| | | goto | 无条件跳转语句 |
| | 分支结构 | if | 条件语句 |
| | | else | 条件语句否定分支（与 if 连用） |
| | | switch | 开关语句（多重分支语句） |
| | | case | 开关语句中的分支标记 |
| | | default | 开关语句中的"其他"分支 |

续表

| 关键字类别 | | 关键字 | 说明 |
|---|---|---|---|
| 流程控制<br>关键字 | 循环结构 | for | 循环结构 |
| | | while | while 循环结构 |
| | | do | do…while 循环中的循环起始标记 |

# 参 考 文 献

[1] 谭浩强. C 程序设计（第四版）[M]. 北京. 清华大学出版社，2012.

[2] 胡忭利. C 语言程序设计教程 [M]. 北京. 中国铁道出版社，2010.

[3] 李小遐. C 语言程序设计能力教程 [M]. 北京. 北京理工大学出版社，2011.

[4] 钱能. C++ 程序设计教程（第二版）[M]. 北京. 清华大学出版社，2012.